黄河國家治理文獻集成（民國卷）第十六册

總第八十册

《黄河國家治理文獻集成》編委會 編

# 黄河之河性

吴明願 著
張祺 編

内蒙古出版集團
内蒙古人民出版社

**圖書在版編目（CIP）數據**

黄河之河性 / 吴明願著 ; 張祺編 . -- 呼和浩特 : 内蒙古人民出版社, 2025. 8. --（黄河國家治理文獻集成）. -- ISBN 978-7-204-18440-8

Ⅰ . TV882.1

中國國家版本館 CIP 數據核字第 20250XD882 號

**黄河之河性**

吴明願　著

編　　者　張　祺
策劃編輯　王　瑶
責任編輯　陳利保
助理編輯　何可欣
裝幀設計　劉那日蘇　吉　雅　安立新
責任監印　包鐵柱
出版發行　内蒙古出版集團　内蒙古人民出版社
地　　址　呼和浩特市新城區中山東路 8 號波士名人國際 B 座 5 層
網　　址　http://www.impph.cn
印　　刷　内蒙古愛信達教育印務有限責任公司
開　　本　880mm × 1230mm　1/16
印　　張　15.5
字　　數　170 千
版　　次　2025 年 8 月第 1 版
印　　次　2025 年 8 月第 1 次印刷
印　　數　1—1000 册
書　　號　ISBN 978-7-204-18440-8
定　　價　130.00 元

如出現印裝質量問題，請與我社聯繫。聯繫電話：（0471）3946120

# 編纂委員會

**主　　任**　陳利保

**副 主 任**　周承英　吴義學　王　瑶

**成　　員**　賈大明　何可欣　董立群　羅　婧　王曉俊　董麗娟
白　玲　特日格勒　徐　飛　李月琪　王麗燕　李　琳

**主　　編**　董　杰

**副 主 編**　張曉東　曹　玲

**委　　員**（按姓氏筆畫排序）
王　丹　王智慧　王鑫義　白胡日查　朱紫陽　李　萌
李新蕊　姚亞菲　陳　思　曹佳興　梁芹洋　張文文
張　岩　張博原　張　祺　張曉英　喬恩懋　賀　莎
楊　怡　楊建國　楊　承　霍燕平　魏雪剛

# 引言

千古河流成沃野，幾年沙勢自風湍。

得益于黄河冲積所帶來的疏松土質和有機物，中華先民利用石製工具開始了農業生産，并逐步發展出旱地粟作農業，『能够最大程度保障食物供給的穩定性，奠定了中華文明起源和形成的堅實基礎』〔一〕。而利用河水灌溉，提高區域可預測農業産量，『在産業史上起着最有决定性的作用』〔二〕。隨後，技術進步、經濟發展、人口增加，讓先民的文化生活大爲豐富。嚴文明先生評價道：『這是一場影響深遠的革命。』〔三〕在這場革命中，平衡水、沙、産、人四者之間的關係，始終是黄河治理的核心問題。四者關係一旦失衡，就容易引發諸多灾患。

歷史上，黄河下游因人口稠密、經濟發達，一直是學術界關注的重點。但自河源至今内蒙古托克托縣河口鎮的黄河上、中游區域，雖遠離王畿，人口稀疏，却也一直備受關注，人們逐步認識到黄河全流域治理是國家的重要任務。《漢書》載：『堤防之作，近起戰國，雍防百川，各以自利。』〔四〕没有全流域的協同治理，僅靠各地分段築堤，則黄河河患無法解决。秦建立了中國歷史上第一個中央集權大一統王朝，秦始皇東巡碣石，刻石銘記『决通川防，夷去險阻』〔五〕，開啓中央政府調動各要素治黄之先河，這『在中國，實質上是國家的一種職能』〔六〕。同時，國家通過對黄河的有效治理，爲沿黄流域人民群衆乃至其他地區人民群衆提供了重要的公共物品和産業支撑，成爲人民群衆眼中中央政府的功過評價指標之一。因此，治黄在增强沿黄各族群國家、政治、文化認同的基礎上，强化了中國大一統國家的合法性，成爲歷代國家治理能力的一個重要測度。

## 一、黄河治理維護了國家的社會穩定

從秦并六國到漢朝建立大一統國家，中國統一的多民族國家形成并得到初步發展。當時中央政府對所轄疆域有『北邊郡』和『内郡』之稱。内蒙古額濟納旗出土的居延漢簡有載，『狠（墾）田以鐵器爲本北邊郡毋鐵官印器内郡令郡以時博賣予細民毋令豪富吏民得多取販賣細民』，可以看出北邊郡是與内郡相對應的行政管轄區域。《史記》卷二十八『封禪書第六』載：『上乃遂去，並（并）海上，北至碣石，巡自遼西，歷北邊至九原。』〔七〕。《史記》卷三十『平準書第八』載：『天子北至朔方，東到太山，巡海上，並（并）北邊以歸。』〔八〕司馬遷多次提及北邊，足見統治者對北邊治理的重視。

漢武帝時，齊人延年提出從今内蒙古引黄河水經今北京一帶，向東注入渤海，以衛北部邊疆。『是時方事匈奴，興功利，言便宜者甚衆。齊人延年上書言：「河出昆侖，經中國，注勃海，是其地勢西北高而東南下也。可案圖書，觀地形，令水工準高下，開大河上領，出之胡中，東注之海。如此，關東長無水災（灾），北邊不憂匈奴，可以省隄（堤）防備塞，士卒轉輸，胡寇侵盗（盗），覆軍殺將，暴骨原野之患。天下常備匈奴而不憂百越者，以其水絶壤斷也。此功壹（一）成，萬世大利。」』[九]《史記》卷二十四『樂書第二』載：『天馬來兮從西極，經萬里兮歸有德。承靈威兮降外國，涉流沙兮四夷服。』[十] 如今，包頭地區出土了『四夷盡服』瓦當，出土文物與傳世文獻的呼應，成爲黄河治理維護祖國北部邊疆穩定的見證。

《史記》卷三十『平準書第八』載：『嚴助、朱買臣等招來東甌，事兩越，江淮之閒（間）蕭然煩費矣。唐蒙、司馬相如開路西南夷，鑿山通道千餘里，以廣巴蜀，巴蜀之民罷焉。彭吳（吴）賈滅朝鮮，置滄海之郡，則燕齊之閒（間）靡然發動。及王恢設謀馬邑，匈奴絶和親，侵擾北邊，兵連而不解，天下苦其勞，而干戈日滋。』[十一] 清代《汾陽縣志》卷十三『藝文』收録曹學閔《開修黄蘆嶺車路紀德政碑記》，上載：『永寧州，界連西陲，北達邊外歸綏諸路，商賈遠貿粟麥，泛皮船隨黄流南下，聚于州西磧口，一府之民仰利賴焉。而東至太原，南抵平陽，州縣凡二十餘，亦視汾爲橐鑰，蓋所繫非特一方生計矣。』[十二] 民國時期，東北淪陷後，開發西北刻不容緩，而『黄河中游之水利，自應加以擴充及整理，藉（借）收桑榆之效，以挽狂瀾於（于）萬一』[十三]。

因黄河流域自然條件優越，歷朝歷代都十分重視對此地的開發，通過强有力的國家干預方式推動各類産業的發展，爲中國北部疆域的形成和社會穩定奠定了基礎。

## 二、民族交往、物資交流、技術轉移促成黄河治理共同體

《史記》卷十五『六國年表第三』載：秦始皇三十三年（前214），『築長城河上，蒙恬將三十萬』〔十四〕。這數十萬人中，擁有一技之長的人員不在少數。由此，邊地人口不斷增多，而豐富的物産則促進了商品交流與統一市場的形成。西漢《鹽鐵論·力耕第二》記録了『异物内流』的情形：『是以贏（騾）驢馲駞（駝），銜尾入塞，驒騱騵馬，盡爲我畜，鼲鼦狐貉，采旃文罽，充於（于）内府，而璧玉珊瑚瑠（琉）璃，咸爲國之寶。』〔十五〕此後，黄河北岸的『贏（騾）驢馲駞（駝）』『驒騱騵馬』『鼲鼦狐貉』『采旃文罽』與西南織錦、中原麻織、農作物等物資相互交流，逐步形成統一的國内大市場，加强了邊疆與其他地區的經濟聯繫，促進了邊疆特色産業的發展。

隨着民族交往交流交融的增强，清代以降，黄河流域内蒙古段輸入到内地的也不僅僅是『异寶』了。《綏遠通志稿·水路》載：『自乾隆以還。口外墾殖日廣。民殷物阜。出境之油、糧、鹽、鹼（碱）、甘草各貨。入境之日用雜貨。山西與歸綏往來之商運。凡經河路者皆以托屬河口爲唯一之碼頭。』〔十六〕從清乾隆年間到民國時期，由内蒙古經黄河運到山西的貨物有糧、油、鹽、碱、藥材、皮毛等，其中以糧油爲最大宗。糧食品種主要有糜黍、穀子、高粱、豆類及玉米、大小麥

等，油料主要是胡麻。內蒙古供貨支綫有從阿拉善盟阿拉善左旗吉蘭泰鹽池到山西吕梁市磧口鎮的運鹽駝路，五原縣、臨河區一帶各大幹渠的運糧水道，杭錦旗、達拉特旗的甘草馱運綫，鄂托克旗的運碱駝路。內蒙古段各條支綫以供貨爲主，山西段若干支綫以運銷爲主。

《臨縣志》載：『清朝乾隆至民國年間，陝、甘、綏、蒙等地的物資，通過此航綫運達磧口，再用牲口馱運到離石、吴城，轉運至東路（汾、平、介、孝等縣）。據民國 20 年（1931）統計，每年從綏遠磴口航至磧口的貨船不下 4000 餘艘』，『是陝、甘、綏、寧與晋西北物資集散之重鎮』。〔十七〕可見，內蒙古在甘肅、寧夏與陝西、山西等沿黄上下游物資交易中起到了重要的聯結作用；同時也吸引了山西、陝北、河北、山東、甘肅等地的農民遷移至此，并將開渠打壩、引水澆地等農業生産技術、手工技術和商業貿易經營方式帶到這裏。他們在此扎根，除了從事農業生産外，還挖甘草、下窑背炭、在黄河上拉船、在沙漠中拉駱駝、打短工放冬羊、開碾磨油坊，等等。不同地域、不同民族的人們合力修築河渠、引水興業，逐漸形成休戚與共的共同體。其間積纍的産品交易、商業管理、社會治理等方面的經驗，在今天依然有借鑒意義。

清代『首重治河，探河源以窮水患』〔十八〕，但更深層次的考量是『宣揚大一統及增强國家認同』〔十九〕。黄河流域人口基數大、分布廣，而全流域治理理念將不同地區、不同民族的人們凝聚成命運共同體，而『大一統』理念正是這一治理實踐的核心主題。

## 三、黄河流域拓展了中國的發展空間

早期統治者因巡幸及邊防建設所需，統籌管理沿黄河運與秦直道等沿黄馬道，維持着中央政府對北邊的有效治理。河套平原引黄渠道的建設爲秦漢王朝屯田事業提供了基本的水利保證，并將這些區域變成防禦北部邊患的大後方與根據地。于是，沿黄馬道、沿黄河運與萬里茶道、草原絲路等陸路運輸聯通起來，促進了中華文明與其他文明的交流互鑒，拓展了新的發展空間。

新中國成立之後，沿黄各族兒女在中國共産黨的領導下團結合作、艱苦奮鬥，實現了大河安瀾。黄河流域建立起行之有效的防洪抗汛機制，支撑着沿岸的産業發展，改善了周邊生態環境。當代治黄史證明，正是由于中國共産黨的正確領導以及集中力量辦大事的制度優勢，纔從根本上減輕了河患的威脅。進入新時代，黄河流域在築牢安瀾根基的同時，以蓬勃活力拓展着中國的發展空間。沿黄九省區在協同發展中不斷釋放潛力，讓黄河流域成爲國家區域協調發展戰略中不可或缺的重要一極，爲中國的發展源源不斷地注入新動能。

綜上所述，黄河流域的治理不是單純的河道治理、生態環境治理或社會治理，而是一種關涉水、沙、産、人四者關係的系統性、協同性治理，是推動國家可持續發展的動力，也是厘清國家治理與邊疆治理兩者動態交互實際效果的絶佳視角。而黄河工程等『中國本土理論資源、學術積釁』[二十]，有助于研究國家治理的演進歷程。進入新時代，黄河治理與國家治理的關係研究不斷開闢新視角、持續涌現新成果，其中鑄牢中華民族共同體意識、邊疆治理與黄河流域生態保護和高質量發展成爲非常重要的研究視角。因此，基于這一角度搜集整理黄河國家治理文獻，意義重大。《黄河國家治理文獻集成》，應運而生。

本叢書系統梳理了黄河治理的歷史脉絡與經驗，既爲新時代黄河流域生態保護和高質量發展提供了歷史鏡鑒，更以文獻爲載體，傳承了治理智慧、凝聚了民族力量，是服務國家發展戰略、鑄牢中華民族共同體意識的重要學術實踐。

《黄河國家治理文獻集成》編委會

二〇二五年一月

---

〔一〕韓建業：《中華文明的起源和形成》，載《中華民族共同體研究》2022年第4期，第80-91+172頁。

〔二〕中共中央馬克思恩格斯列寧斯大林著作編譯局：《馬克思恩格斯選集》第二卷，人民出版社，2014年，第240頁。

〔三〕嚴文明：《黄河流域文明的發祥與發展》，載《華夏考古》1997年第1期，第49-54+113頁。

〔四〕（漢）班固：《漢書》卷二十九『溝洫志第九』，中華書局，1964年，第1692頁。

〔五〕（漢）司馬遷：《史記》卷六『秦始皇本紀第六』，中華書局，1963年，第252頁。

〔六〕冀朝鼎：《中國歷史上的基本經濟區與水利事業的發展》，朱詩鰲譯，中國社會科學出版社，1981年，第7頁。

〔七〕（漢）司馬遷：《史記》卷二十八『封禪書第六』，中華書局，1963年，第1398-1399頁。

〔八〕（漢）司馬遷：《史記》卷三十『平準書第八』，中華書局，1963年，第1441頁。

〔九〕（漢）班固：《漢書》卷二十九『溝洫志第九』，中華書局，1964年，第1686頁。

〔十〕（漢）司馬遷：《史記》卷二十四『樂書第二』，中華書局，1963年，第1178頁。

〔十一〕（漢）司馬遷：《史記》卷三十『平準書第八』，中華書局，1963年，第1420-1421頁。

〔十二〕（清）方家駒修，（清）王文員纂：《汾陽縣志》卷十三『藝文』，清光緒十年刻本，第57-58頁。

〔十三〕王華棠、劉錫彤、吴樹德：《黄河中游調查報告》，華北水利委員會編印，1934年，第1頁。

〔十四〕（漢）司馬遷：《史記》卷十五『六國年表第三』，中華書局，1963年，第758頁。

〔十五〕王利器：《鹽鐵論校注》，中華書局，1992年，第28頁。

〔十六〕綏遠通志館：《綏遠通志稿》第十册，内蒙古人民出版社，2007年，第176頁。

〔十七〕臨縣志編纂委員會：《臨縣志》，海潮出版社，1994年，第273、321頁。

〔十八〕趙爾巽等：《清史稿》卷一二六『河渠一』，中華書局，1977年，第3715頁。

〔十九〕劉惠：《乾隆朝重構黄河河源的實踐與國家認同》，載《清華大學學報》（哲學社會科學版）2018年2期，第147-154+195頁。

〔二十〕許耀桐：《當代中國『治理』概念的演進探析》，載《國家現代化建設研究》2023年3期，第100-111頁。

# 出版前言

黄河，中華民族的母親河，她不僅孕育了中華文明，更見證了中華民族數千年的發展歷程。習近平總書記深刻指出：『從某種意義上講，中華民族治理黄河的歷史也是一部治國史。』這一重要論述，爲新時代黄河文化的保護傳承以及流域治理提供了根本遵循，也深刻揭示了黄河治理在國家發展和民族復興進程中的核心地位。在學習貫徹習近平新時代中國特色社會主義思想，積極響應國家黄河流域生態保護和高質量發展重大戰略，大力推進北疆文化建設的背景下，《黄河國家治理文獻集成》的編纂出版，具有重要的歷史意義、學術價值與現實指導意義。

黄河治理，自古以來就是國家的頭等大事。從遠古時期大禹治水，到當代運用科學技術進行系統治理，中華民族在數千年的時間裏，積纍了豐富的治河經驗，留下了浩如烟海的文獻遺産。《黄河國家治理文獻集成》收録了元代至民國時期古籍、朱批奏摺、期刊圖片等多模態文獻資源。這些文獻内容豐富、維度多元，既包含記載河工技術、治理方略等的專書，又有漢文朱批奏摺、工程檔案以及不同區域的調查研究報告等。民國時期的文獻則標志着現代水利科學開始融入黄河治理，展現了我國水利事業在時代變革中的創新與發展。近代照片的收録則以更加直觀的方式將黄河治理、黄河沿岸的風貌呈現給讀者。

該文獻的出版，不僅是對瀕危黄河文化遺産的及時搶救與保護，更是對我國水利史、國家治理史、邊疆治理研究學術鏈條的重要補充，具有較高的文獻價值和學術意義。尤爲重要的是，這一集成工作，深度契合鑄牢中華民族共同體意識這一全黨全國各族人民的共同任務。各民族在治理黄河的歷史進程中，緊密協作、共同探索，這些珍貴文獻便是各民族交往交流交融和中華文明認同的生動見證。對這些文獻進行整理出版，能够讓各族人民更加深刻地認識到，在歷史長河中，各民族共同爲黄河治理貢獻了力量，共同守護了家園，從而進一步增强對中華民族共同體的認同感與歸屬感，夯實鑄牢中華民族共同體意識的歷史根基。

《黄河國家治理文獻集成》以『國家治理』爲核心綫索，構建起一個全面、系統、多維的文獻體系：在時間跨度上，聚焦從元代至民國這一傳統治河向現代水利轉型的歷史時期，爲深入研究我國水利事業的發展脉絡提供了清晰的時間坐標；在内容分類上，細緻劃分爲技術專著、工程檔案、區域研究、朱批奏摺、科學報告、圖片等類别，涵蓋黄河治理的各個方面，從不同角度展現了我國在黄河治理上的探索與實踐；在版本選擇上，秉持嚴謹、科學的態度，確保文獻内容的準確性與代表性，爲學術研究奠定堅實基礎。

在編纂過程中，叢書特别注重『全流域治理』的理念，不僅收録了有關下游防洪治河的重要文獻，還涵蓋了中游地區水土保持以及上游地區灌溉開發等方面的珍貴記載。這種對黄河全流域治理的全方位關注，與當前『共同抓好大保護，協同推進大治理』的要求高度契合，充分體現了叢書在傳承歷史文化遺産的同時，緊密服務于當代國家發展戰略的時代價值。

在出版過程中，嚴格保持原書的版式與行款，最大程度地還原文獻原貌。對于部分出現黴變、殘缺的頁面，運用先進的數字化修復技術進行精心處理，在保留原始批注與印章痕迹的基礎上，兼顧了文物的真實性與文獻的可讀性。

此外，爲了更好地服務讀者，方便學術研究，本叢書新增了目録、提要等内容，這些新增部分由編委會精心撰寫。新增目録一般編製二級，個别圖書編製三級；原書有目録而内文無對應標題的，根據原書目録照録；原書目録爲關鍵詞或者其他情況的不編製目録；原書目録與内文不一致的，以原書内文爲準；原書無目録的，按卷端、版心或其他部分輯録；一册書中收録多種圖書的，以書名爲一級標題，編製二或三級。在文字使用上，統一使用現代漢語規範繁體字，對于原版文獻中的异體字、避諱字也使用現代規範繁體字，無對應規範繁體字的保留原字。

《黄河國家治理文獻集成》的出版，是對黄河文化遺産的一次系統性、搶救性保護，具有重大而深遠的現實意義：從學術價值層面來看，叢書成功構建起一座連接傳統與現代治黄文獻的橋梁，爲黄河流域生態保護、水利工程史、國家治理史、邊疆治理、中華民族共同體學等多個領域的學術研究提供了豐富、翔實的基礎文獻，有力推動了相關學科的發展與創新；從文化價值角度而言，生動展現了北疆文化與黄河文化在歷史長河中的交融共生，爲内蒙古『北疆文化』品牌建設提供了堅實的文獻支撑，進一步豐富了中華文化的内涵與外延；從實踐價值方面考量，書中所藴含的治河理念爲我們在新時代背景下實現人與自然和諧共生、推動黄河流域可持續發展提供了寶貴的歷史經驗與智慧啓示。

在此，我們要衷心感謝各藏書機構的大力支持，正是他們提供了珍貴底本資源，纔使得本叢書的編纂出版成爲可能。同時，我們也要向文化遺産智能應用服務中華民族共同體建設『英才興蒙』團隊致以崇高的敬意，他們歷經五年的辛勤耕耘，以嚴謹的治學態度和專業的學術素養，對文獻進行了系統的整理和輯録，爲叢書的内容質量提供了堅實保障。此外，我們還要特别感謝内蒙古自治區黨委宣傳部、内蒙古出版集團將本叢書納入『北疆文庫』重點項目，并在出版過程中給予全方位支持與幫助。

我們衷心期待，這套凝聚着無數心血與智慧的《黄河國家治理文獻集成》，能够在新時代的『黄河大合唱』中奏響歷史的强音，爲黄河流域生態保護和高質量發展注入强大的歷史動力，讓黄河文化在保護中傳承，在傳承中創新，在創新中不斷發展，綻放出更加絢爛的光彩。同時，希望這套叢書能够成爲促進各民族文化交流、鑄牢中華民族共同體意識的重要載體，助力各民族更加緊密地團結在一起，共同爲實現中華民族偉大復興的中國夢而努力奮鬥，讓中華民族共同體意識在黄河文化的滋養下，扎根于每一位中華兒女的心中，成爲推動中華民族不斷前進的强大精神力量。

# 提要

《黄河之河性》由吴明願（生平不詳）著，初成書于1935年7月，中華民國二十五年（1936）由河南民報社正式出版。該書以黄河本體爲研究對象，綜合考察黄河流域自然地理特徵、水文規律、泥沙特性、河道歷史變遷及治理方略，系統闡釋黄河的『河性』内涵及針對性治河策略。本書分總論、雨量、水位、流量、泥沙、河床、水灾之性質及民國二十二年大水灾之成因、結論八章。第一章總論，概述黄河的源流脉絡，通過與國際河流的比較研究，界定黄河『河性』特質，闡明治理要義。第二章雨量，基于民國時期日雨量、年雨量、時雨量等觀測數據，揭示黄河流域年降水量偏少、暴雨强度大且時空分布不均的特徵。第三章水位，依據民國時期水文站實測記録，按水位變化規律將黄河水文年劃分爲漲水期、常水期、低水期三個階段。第四章流量，依據民國時期黄河各段的最大流量、平常流量、最小流量、流量比率、流速等數據，通過水文參數的國際横向對比，論證黄河雖整體流量偏小，但洪枯流量比率顯著大于其他大河的特性。第五章泥沙，通過考察民國時期黄河泥沙物理化學性質及其運移規律，解析含沙量與流速關係，闡明泥沙淤積對水患形成的影響。第六章河床，依據民國時期河槽的剖面形態與平面布局演變，考察歷史上河道變遷的情況，進而論證穩定河槽的治理必要性。第七章水灾之性質及民國二十二年大水灾之成因，根據民國時期黄河水文資料記録，分析水灾的成因以及影響洪流推移的因素。第八章結論，歸納黄河『上游湍急、中游平穩、下游遷徙』的整體河性，概述歷史上黄河治理的主要理論，評價『横壩固槽法』在穩定主槽、提升防洪效能的實用價值。《黄河之河性》爲全面瞭解黄河提供了豐富資料，對黄河治理、水資源利用及相關研究具有重要參考價值。

# 目録

# 黄河之河性

吴明應著

# 自序

自一九三四年十一月至次歲七月，予在北方工作。利用朝夕餘暇，從事研究，即在此期內寫成二書，是即其一。當時環境頗苦，暗燈斗室，熬甚長夜。雖不敢說有所貢獻，自問尚能一一按工程原理來分析黄河河性，秉此愚誠，即地球毁滅，吾何悔焉！

# 黄河河性之觀察

## 自序

# 目錄

## 第六章　河床

## 第七章　水災之性質及民國二十二年大水災之成因

# 第一章

## 總論

一，上游概況
二，中游概況
三，下游概況
——三游有三個不同的河性

四，支流統計

利少害多之黃河，原爲我國北部之惟一大川，長九千餘里，流域面積佔百四十萬方里，其過去沿河民族之文明，不可謂不光榮，現在之水患，不可謂不嚴重，全國人士更不可不力謀挽救！」

全河分三段，有三個名稱，大家總還記得罷：韋河源段，叫阿爾坦（蒙語）河，第二段稱喀屯河，近海段始名黃河，因其水濁而色黃，爰錫是名。

黃河又按性質之不全而分三段，有三個不全的河性，人們其或未注意及之，上游水行山峽之中，甚屬『湍急』，中流行於平原，有利於灌溉及航運，勘謂『平穩』。下游支多水急，床土疏鬆，恆生『遷徙』之患。

提起發源地，古今書籍記載不一，歷代雖迭派人探源，要皆非地理學家，特馳驅王命而已，現今認爲定論者，僉謂發源于青海之巴顏喀拉山東麓，噶達蘇老峰之下，位於北緯三十五度，東經九十七度之處，初名阿爾坦河，東流數百里始稱黃河。

我們對於黃河，『認識牠』三個字，尙談不到；就是上，中，下，三游之分劃，像這樣平常的一件事，至今還沒有弄清！古書中載有若干分法，各是其是，不相統一。黃河編內，劃寧夏以上爲上游，以下至潼關止爲中游，再東爲下游。

像這種分法，單單是中游就有五千三百餘里長，佔全河之一大半，似太不相稱了。又有人說，孟津以東之黃河形勢，與孟津以西大不相仝，卽是說應以該處爲中下游之分界，但是張開眼看遠一點，就能見到黃河自龍門到孟津，不過作一小結束，在龍門以上，汾河口一帶的河道，與在冀魯豫境內的一樣遷徙無常。以上二種主張，不是欠明瞭地勢，便是長短分配不適宜。

分劃黃河三游，須注意距離之短長，天然之地勢，河性之異同；我今便參酌這三個因素，規定甘寧交界處以上之三千三百餘里，水行山澗中者爲上游，自該處起至綏遠東境止，約二千里，水行於前後套曠野中者爲中游，山西北境以下，直至海口止之三千七百餘里，沙重，床鬆，善徙者爲下游。這樣分法，便可使人容易找住一個概念，容易認淸，什麼是上游，什麼是中游，何處是下游。

(一)上游概況

自靑海之噶達蘇發源處起，至寧夏省中衞縣止，是爲上游，與黃河編內所定者同。

原來青海之水系，屬内陸河流，大部份水源不流出海洋，獨巴顏喀喇山與積石山間之水不能北注入青海，擠而東流，匯爲阿爾坦河，由噶達蘇老峰起，蜿蜒行四百里入於星宿海，以湖泊衆多，若晨星之羅列，故得是名。出星海東南流約百里注入扎凌諸爾湖，湖形長圓，土人謂白爲查，形長爲凌，以形命名也。東行轉注入岳凌諸爾湖，蒙語鄂卽青之意，言湖水清也。出岳凌後即叫喀屯河，至阿爾純之西始稱黄河，水流漸大。沿積石山麓折向東北行，有德特崑都崙等三支流來會，水勢益盛。復由岷山前行，入土爾扈特三旗，再東行經貴德，至化隆會湟水河。

由此而東，過了循化，大河即入甘肅省境，東北行過蘭州，經五佛寺卽入寧夏省。

計黄河在青海境内長約二千六百里，在甘肅境内長約七百里，上游全長約三千三百里，大部在山峽中行，懸流險灘，水勢急湍。

本游支流甚多，其長二百里以上者有八，玆分述之如下

甲，靑海省境支流：

一，德特崐都崙河：源出于賴杵山，西北流三百餘里入黃河。

二，都爾達坤都崙河：發源于納克多母精山，曲折北流三百餘里入黃河。

三，多拉崑都崙河：長六百餘里自岡出山發源處，西北流會東來池泉水入黃河。

乙，甘肅省境支流：

一，淸水河：發源于固源州南山張義堡之東，東北流合海子河，硝河，須滅都河，小黑河，大黑河，甜水河諸水，蜿蜒行三百餘里，至化隆縣之鳴沙堡入黃河。

二，大夏河：長約三百六十里，發源于西南邊外打城達巴山之南，東北流合洪水及廣通河，至永靖縣西入河。

三，洮河：源出臨潭縣之西頃山東麓，泉湧十餘，匯爲柏水溝•（一名巴爾西河），先東南行，嗣爲岷山山脈所阻，乃折而北，在岷縣合西灣水及藏河，在臨洮縣合東結河及三岔河，行至蘭州屬之洮口入河，長八百餘里。

四，湟水：源出西寧道西北邊外青海之噶爾藏嶺，東南流至邊外董郭兒廟合大通河再流至臯蘭縣西境入黃河，長約千里。

五，祖厲河：源出靜縣消河堡之西山，西流合消河，曲折行三百餘里至湣遠縣南，虎豹口之西北入黃河。

（二）中游概況：

自甘甯二省交界處之中衛縣西境起，穿寧夏綏遠二省至山西省河曲縣之老牛灣止是爲中游，長二千里。

河出甘肅，北流經甯夏之中衞靈武等縣，其全在甯夏境𠭁，計長三百五十里，過此北流，大河卽界于二省之間。東岸爲綏省之伊克昭盟，土地平坦廣漠無垠。西岸甯夏省之寧夏磴口及興吉召爾等城，背山帶河，形勢雄偉，過吉召爾河折向東北行，入綏遠省境。至五原縣之東南，又改向東行，水流平穩。曲折展開；直行五百里，至托克托縣再轉而南行入山西境，如此由北而東，東轉南，搆成河套，地勢平衍，水草豐富，宜于農牧，再加人工之開發，二旁溝渠縱橫，灌漑之利甲於全國，尤以後套最爲發達。河流綏暢，航運雖不如長江，然亦船帆如織，商旅利賴。

中游流域沙地甚廣，東西棋布，其二百里長以上之支流僅有四條。

甲，甯夏省境支流：

一，淸水河：發源于甘肅省固原縣笄頭山北麓，西北流經海原縣，至古仝心城入甯夏境，再北行至甯安堡之西入河，長三百里。

二，山水河：長二百餘里，源出甘肅環縣西之叢山中，西北流入寧夏境之豫旺縣，經積金縣之東，至靈武縣入河。

乙，綏遠省境支流：

一，大黑河：源出察哈爾之海拉蘇台坡，初名喇烏蘇河，西北流合納札海河，安達河，德布色黑河諸水，及與哲爾德河合始名伊克根河，卽所謂小黑河也，又西南流，會札達海河，西喇烏蘇河，呼圖克圖河，勒庫河，察蘇七河等，又西流至托克托縣境與黃河合，長約二百五十里。

二，紅河：源出于山西平遠縣西南，北流至殺虎口，折而西入綏遠境，會察漢音圓河等，更西流入黃河，長四百餘里。

（三）下游概况

自晋北偏關縣之老牛灣起，穿晋陝之交，及河南河北等省，至山東利津縣入海爲止，長三千七百里。

河到山西便不仝了，水愈黃了，流也急了。原來自河曲縣以下，二岸多土山，隨流奔刷，河水漸呈混濁，自河曲循晋陝之交，經谷府，保德，葭縣，永和，韓城，永濟，即折而東流入河南之潼關，再東行直至孟津出海。河床高度起伏不一，河陡水急，無航行之利。晋南臨晋永濟一帶，與孟津以東情形相同，沙淤床鬆，常告潰徙。過了孟津東下平原，再無山石約束，一瀉千里，南徙北突，毫無阻碍，域内居民，受禍甚烈。二千餘年來，純是築堤以防禦，但沙多底淤，水高地低，危險萬狀，亟須另行研究，改換方法，以奠安瀾。

下游之特性是支流衆多，故流近而水急，沙多而床土鬆，潰徙既易，災患自出。其入河大川如下：

甲，山西省之支流(長二百里以上者)

一，北嵐猗河：發源于神池縣之北，西流會管涔山諸水，至河邑入黃河。長約二百三十里。

二，南嵐猗河：源出于岢嵐縣東南·北流合沙河與岢嵐山西豹谷之水，西流入河，長二百餘里。

三，湫水：發源于連枝山之西，東南流約二百里，至磧口入河。

四，石水：源出離石縣離石山，西南流匯集龍山泉及東川河諸水，至軍渡之南入黃河，長約二百五十里。

五，昕川：長約二百里，有三源；北源在隰縣之北，東源在姑射山，南源在七佛山，西流再會合南川河義停河而入于黃河。

六，汾水：長千餘里，發源于靜東縣北之營涔山，南流經縣城東北，折而西南，合碾河，羊兒河，社牛河諸水，至石峽山合嵐河，經陽曲縣合韓村水，太原縣合晋水，又西南經徐溝縣合洞渦水，交通縣之西北合文水，東南合沙河，又經介休，靈石，霍縣，趙城，洪洞，臨汾，襄陵，曲沃，新絳，河津諸縣，匯納中都，孝河，澗河，旋水，滴水河，陰河，至龍門之汾口入河。

七，涑水：一名絳水，源出絳縣北叢山中，西南流至上東鎮合温水，至聞喜縣合沙淖水，再流經安邑，解縣，猗氏等縣，至臨晋始名涑水·又于解縣北虞鄉鎮，合五姓湖之水，西南流經永濟縣入黄河，長二百四十里。

## 乙，陝西省境支流

一，屈野河：發源于河套鄂爾多斯左翼中旗之台石坡，東南流與哈楚爾河，布哈河相會，入長城折而南流，經神木縣城之西，禿尾河自鎮川台口來會，又東南行入黄河，長約四百七十里。

二，無定河：有東西二原，西源曰額圖渾河，發源於河套右翼前旗之賀通圖山，東源曰海留圖河，源出河套右翼前旗虎喇虎之地，二源至波羅勞相遇。其匯合諸流，如榆溪西河，三岔河，圖水，大理河，懷甯河，及秦延川諸水。蜿蜒六百里，至清澗縣東南入黃河。

三，秀延川：發源于安定縣之西，東流至清澗，折而南過延川縣再轉而東，如此曲折行二百餘里入于河。

四，延水：長五百里，源出榆林道保安縣北境，南流會洧水，至膚施城北，有清化水自鴿山來會，合流入黃河。

五，洛水：源出于甘肅經原道慶陽縣北之白于山，東南流曲折行千里始入黃河。其水源有二，至金湯城之西交匯。及過保安縣始名洛河，黑水河自西來會。由此復向東南曲折前行，經甘泉，鄜縣，洛川，宜君，白水，蒲城，澄城，大荔，朝邑諸縣，匯納周水河，採銅川，街子河，華池河，甘泉，白水等河：直至朝邑縣大白池北，入于黃河。

六，渭水：長千二百里，源出甘肅蘭山道渭源縣·初有二源，旋卽匯合，自此東南流，再合亘支，水勢甚大·其著者如在隴西縣交匯之赤亭水，漳縣之漳河及丹河，伏羌縣之華川水，秦安縣之羅玉河·至秦縣東，秦州河自北來匯；寶鷄縣南，塔河及金陵河來匯；鳳翔縣西有研陽河，扶風縣西有淸水河，盩厔縣東有黑水河，咸陽縣南有豐水來匯；這許多支流之支流中，最大的要算涇水了，長五百八十里，源出甘肅涇原道平凉縣笄頭山，東南流合橫水，汭水，船水，馬連，溫凉，姜源諸水，至長安縣注入渭水·涇渭合流，越過長安，至臨潼縣北境，又有淳化，淸峪諸水來匯·再東行，至華陰縣東北倉頭村南之渭口入于黄河。

## 丙，河南省境支流

一，洛水：長約六百五十里，發源于陝西關中道雒南縣之西冢嶺山·三源合流，至靈谷口之南入河南界·東行經盧氏，洛寧，宜陽三縣，至洛陽縣西南，有澗水穀水及源河來會，經孟津縣至偃師縣南合伊水，再東北行至汜水縣西北之洛口入河。

二，沁河：源出山西冀寧道沁源縣北之緜山軍家嶺，東南流經安澤，屯留，沁水，陽城諸縣，方入河南界·復經濟源，沁陽，溫縣，至武陟縣城北，折而南流入黄河，長五百里·沿途所受小支之水亦多；如在沁原縣匯五龍川，青龍河，西川河及大南川·在沁水即合海河，海子河，及玉溪河·到沁陽縣即匯若澤河及大丹河·自大丹之流冲入後，水勢愈盛。

丁，山東省境支流

一，汶水：有東南二源，俱發源于沂山西麓，至大汶口始相匯合。西行經東平，折而北流至東阿入于河。

(四)長二百里以上之支流統計

如果有人問：黃河之支流有多少？這句話既問得沒有道理，且我也不能回答。因我不願再套襲模模糊糊的老口吻「黃河受大水數十小水數百」。我只能回答他：黃河有長若干百里以上之支流有多少條。其餘像黃河編內云「在大雪山之南受小水數十」即不計焉。溝水溪水俱系小水，千條萬條，欲計安從？總上所述即黃河有：

| | |
|---|---|
| 長千里以上之支流 | 四條 |
| 長八百里以上之支流 | 五條 |
| 長六百里以上之支流 | 八條 |

長五百里以上之支流　十條
長四百里以上之支流　十二條
長三百里以上之支流　十八條
長二百里以上之支流　二十八條

共有　二十八條

此二十八條支流之中，中游僅交匯着四條，以故河水俱從上游之總源來，源遠流長，宜其水勢平穩，可資利用。下游多至十五條，佔百分之六十，河水俱從近山來，洪性尚在，湍急異常。且山又多土坵，水流混濁，多沙善淤，湧塞既易，潰決時生。

閱上述之黃河現況，不竟生害多利少，二岸荒凉之感慨；可是歷史告訴我們，黃河之導治是值得的，必需的，且有意義的！沿河民族之古代文明，早已大放光輝照耀於昔時野蠻而又黑暗的世界。其於人類生存上之有意義可知，如再把牠同世界的大河，比較一下，就能更明瞭其在二十世紀之價值。

北美洲的密西西比河，長一萬四千五百里，爲世界上最長的河，但流域面積并不很廣，僅有一千四百九十二萬八千方里。

亞馬孫河長一萬三千八百里，貫南美洲之大部，流域面積爲二千七百萬平方里，其廣袤推世界第一。

非洲之尼羅河尚乏精確勘測，流域面積約一千二百八十萬平方里，長一萬三千八百里以上。

易尼賽河，長一萬二千八百里，爲亞州最長之河，流域面積跨一千零五十六萬平方里。

俄比河（obi）穿流西伯利亞之西部，入於亞爾梯克海，長一萬一千一百里，與吾國之揚子江相等，流域面積即爲一千五百六十萬平方里。

楊子江長一萬一千一百里，受水面積七百六十四萬平方里，爲吾國第一大川黃河長九千三百里，流域面積一百四十萬方里，沿河多肥沃之地，惟雨量稀少，須振興灌溉事業，以利農作。

俄國之服爾加河，長六千九百里，流域面積六百七十二萬平方里，爲歐洲最長之河道。

次之則爲多腦(Panube)河，長五千九百里，流域面積三百七十四萬四千平方里。

耐北河亦算歐洲較長的河道，流域面積爲二百九十四萬平方里，長四千五百里。

上述係世界整千整萬之河流中，十條最長最要之河道，在這裏面，黃河名列第七，這樣重要的一條河，爲什麼中國人不去力謀利用呢？難道整治黃河耗費多，而効力微麼？那末，中國人的祖先怎樣能在其流域內造成燦爛之文明呢？我想大部份的人，怵於黃水之兇暴偉大，都頭腦昏了，不知如何去治。

夫欲治之，必先知之，治河猶醫病也，須明其病源，理其脉性，換一句話説，須研究河性，待澈底明瞭以後，方可對証下藥。

黄河河性之觀察 二〇

# 第二章

## 雨量

五，日雨量—　　二百五十公厘

六，月雨量

七，年雨量—平均五百三十公厘

八，暴　雨

九，時雨量— hOur rate 百公厘

十，結　論—　　落雨與飛沙

黃河流域雨量稀少，沿河土地不像江南一樣，蒼翠滿野，碧綠連天，而是荒

漠原野，草木稀疏，其平均年雨量，竟少至五百餘公厘・氣候既如此乾燥，似應旱荒多，水災少・實際上近幾年來，水災之巨，損失之大，全球爲之震驚！

其所以水灾屢見之故，實因該處有一種『雨量少而暴雨却大』之特別現象・域內各省，冬季卽紅日當空，連月不雨，夏季一遇悶熱，常括燥風，塵土飛揚蔽天，否則，便下暴雨・日雨量之最高記錄，竟多至二百五十公厘，其傾注之急驟，使人會感到這不是下雨，是人類燬滅之徵象！流域之界址，西接大弋壁沙漠，東鄰黃海，觀其地勢，似應東南多雨而西北乾燥，實在呢，二地都缺雨・域內湖泊既少，空中水氣稀薄，樹叶上晨夕不見露珠，必俟水氣積蓄既多，乃凝而下降，似乎Convective precipitation多，而 Cyclonic precipitation少。

整理各方搜羅材料，以貢獻于讀者之前，雖不能謂爲詳盡，而于年雨量之估計一層，其精確程度，可到達百分之九十以上・茲將日雨量，月雨量

，年雨量及暴雨，按次探討如下

（五）日雨量

最大二百五十公厘

日雨量過多即發生水災，美伊（meyer）先生分析美國雨量記載，其在一时以上者，即歸於日巨雨量表「Excessive daily precipitation」內，我今將日雨量在二十五公厘以上者，列爲一表如下。

## 黃河流域日雨量表

（下列雨量之日數表）

| 測站地點 | 25至30公厘 | 30至40公厘 | 40至50公厘 | 50至60公厘 | 60至70公厘 | 70至80公厘 | 80至90公厘 | 60至100公厘 | 100至110公厘 | 110至120公厘 | 120至130公厘 |
|---|---|---|---|---|---|---|---|---|---|---|---|
| 蘭州 | 1 | 4 | 0 | 0 | 0 | 0 | 0 | 0 | 0 | 0 | 0 |
| 薩拉齊 | 2 | 2 | 0 | 0 | 0 | 0 | 1 | 0 | 0 | 0 | 0 |
| 歸綏 | 6 | 1 | 0 | 0 | 1 | 0 | 1 | 1 | 0 | 0 | 0 |

| | | | | | | | | | | | |
|---|---|---|---|---|---|---|---|---|---|---|---|
| 太原 | 1 | 2 | 0 | 1 | 0 | 0 | 0 | 0 | 0 | 0 | 0 |
| 西安 | 5 | 1 | 0 | 0 | 0 | 0 | 0 | 0 | 0 | 0 | 0 |
| 開封 | 2 | 2 | 0 | 1 | 1 | 0 | 0 | 0 | 0 | 0 | 0 |
| 大名 | 1 | 3 | 2 | 0 | 0 | 0 | 0 | 0 | 0 | 0 | 1 |
| 濟南 | 1 | 3 | 1 | 0 | 1 | 0 | 0 | 0 | 0 | 0 | 0 |

上表內之最大日雨量，爲一二六・五公厘。此值並不巨，不足以範域內之雨量。去歲夏季，河南省各縣之雨量記載，有幾個數值甚爲可觀，轉錄如下：

**二十三年河南省各縣之最大日雨量摘錄**

| 測站地點 | 雨量公厘 | 月 | 日 |
|---|---|---|---|
| 確山縣 | 139.0 | 6 | 29 |
| 中牟縣 | 145.0 | 7 | 25 |
| 鄖城縣 | 153.0 | 7 | 28 |

| | | | |
|---|---|---|---|
| 新鄭縣 | 158,0 | 7 | 25 |
| 葉　縣 | 171,5 | 7 | 25 |
| 臨穎縣 | 200,0 | 7 | 25 |
| 襄城縣 | 252,0 | 7 | 25 |

去歲七月二十五日，河南襄城之日雨量，達二百五十二公厘，約等于該省平均年雨量之半。參看美國雨量報告表，內載一九〇九年，萌納士達邦(minnesta)之日雨量，有二次在二百五十五公厘以上，廣被九千四百餘平方公里，即上述襄城之日雨量數值，似乎可能。

江南天惠獨厚，雨暘時若，乾濕得宜。黃河流域就不然，晴即連日不雨，尤其是在冬季，驕陽高懸，土燥塵飛。例如山西北部之右玉縣，自前年歲尾至去歲年初，一連百五十日不見雨，而去歲全年，則三百二十七日無雨。其餘『細雨霏霏』或『暴雨如注』之日，合計不過三十八天耳。其雨量之稀少，及分配之不均匀如此！宜乎旱則赤地千里，潦即淹沒平原。

（六）月雨量

各地之月雨量，隨寒暑之變化而有不仝。冬季天寒，地面上蒸發量不多，故雨亦絕少。去歲十一月，綏遠省歸綏縣不見滴雨，十二月亦僅落一公厘，而七月一個月內即降二五四・九公厘。右玉縣（山西省屬）在去歲一，二，十一及十二四個月中滴雨毫無，而七月份之雨量即達一八七・一公厘。雨水不調，農產低少，茲錄本流域內各省之月雨量變化圖如下：

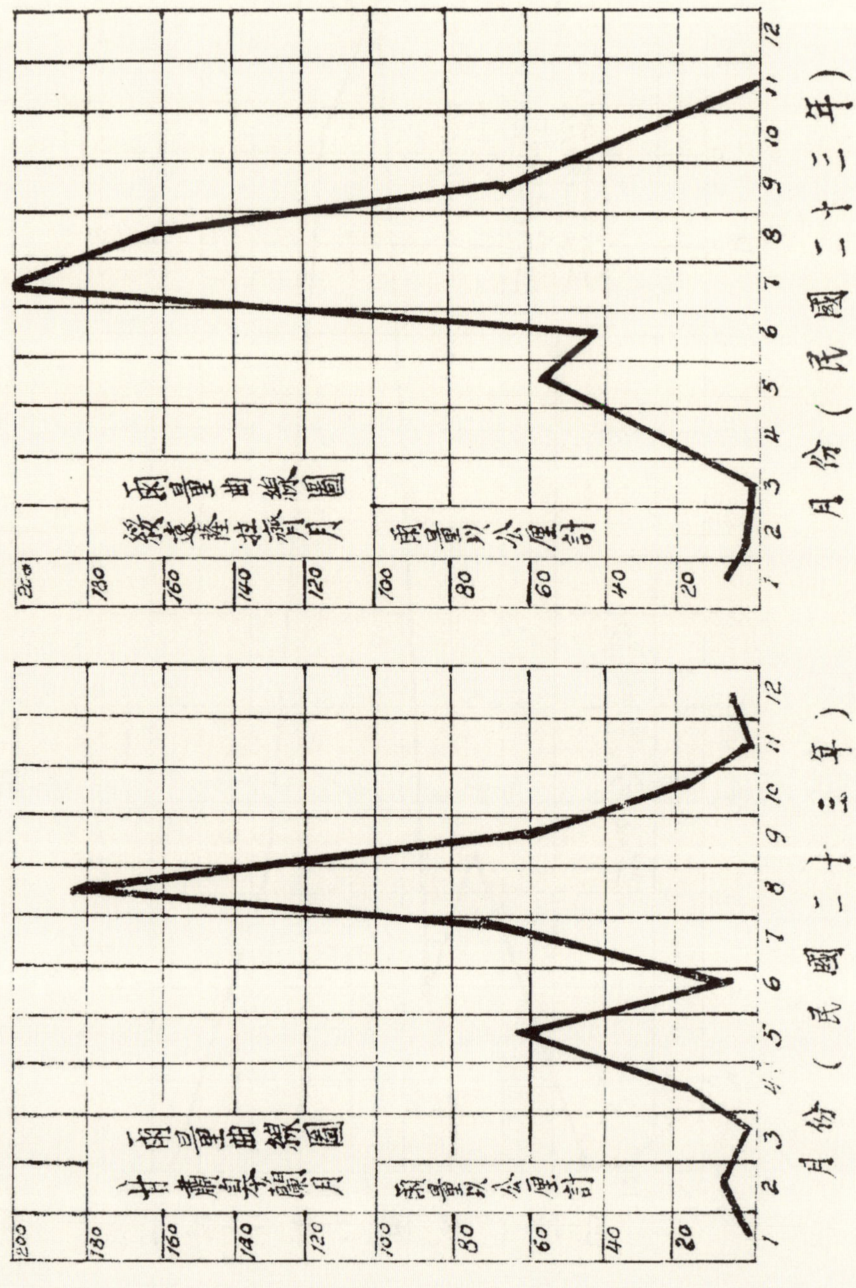


（圖二）

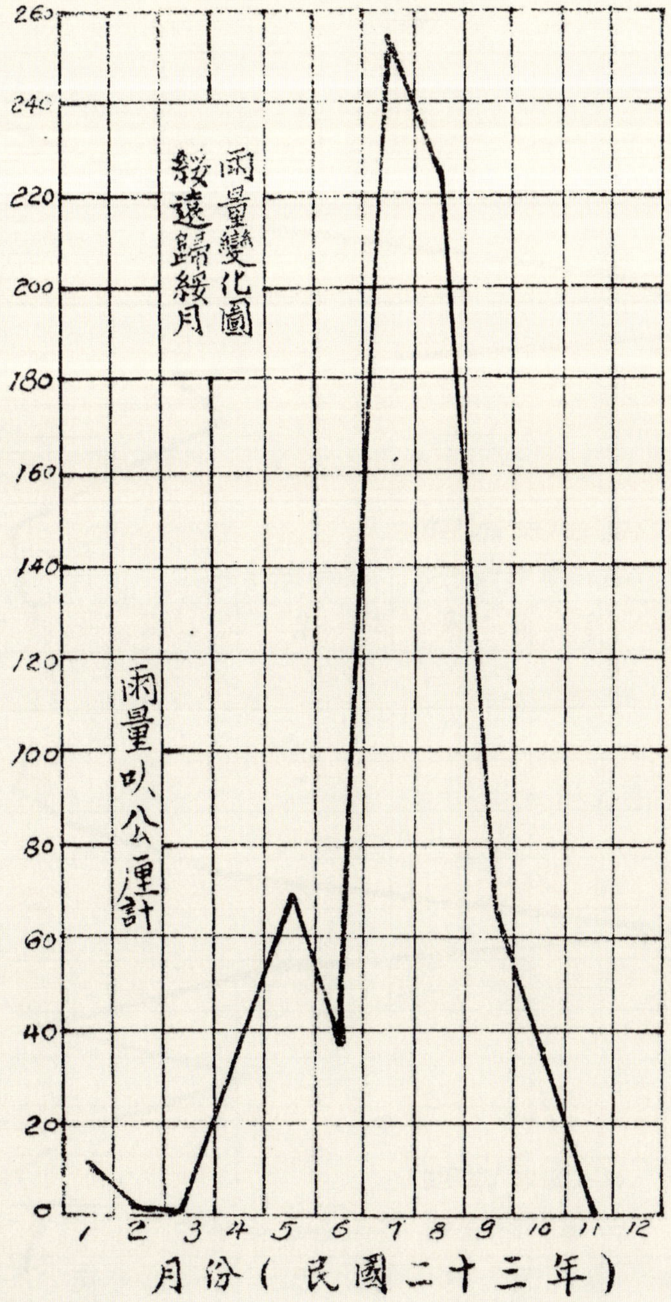

綏遠歸綏月
雨量變化圖
雨量以公厘計
260
240
220
200
180
160
140
120
100
80
60
40
20
0
1 2 3 4 5 6 7 8 9 10 11 12
月份（民國二十三年）


（圖二）

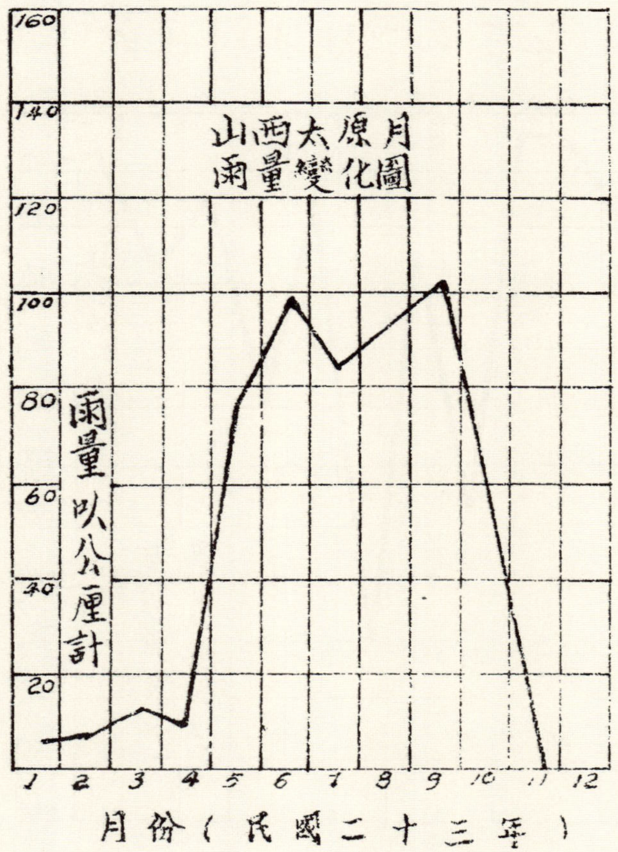
山西太原月
雨量變化圖
雨量以公厘計
160
140
120
100
80
60
40
20
1 2 3 4 5 6 7 8 9 10 11 12
月份（民國二十三年）

（圖三）

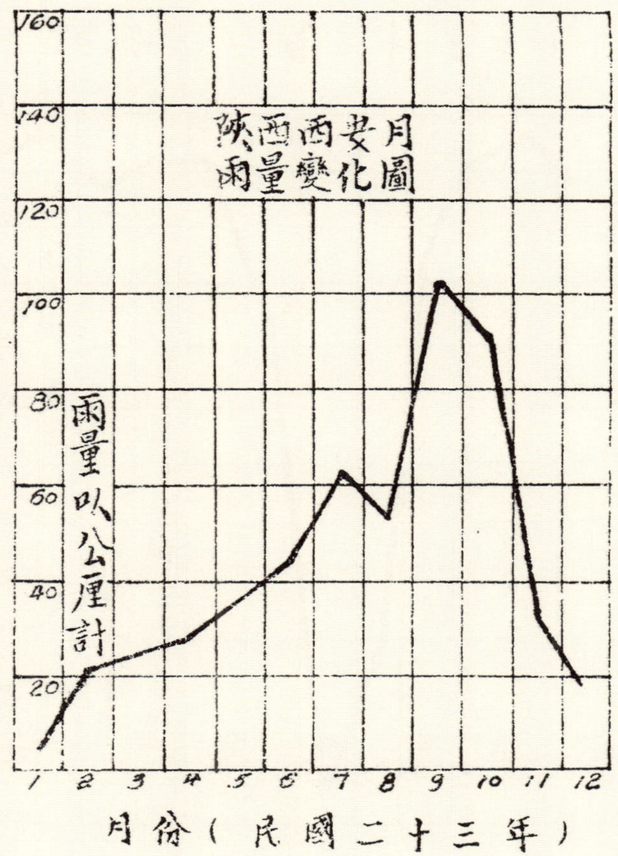
陝西西安月
雨量變化圖
雨量以公厘計
160
140
120
100
80
60
40
20
1 2 3 4 5 6 7 8 9 10 11 12
月份（民國二十三年）

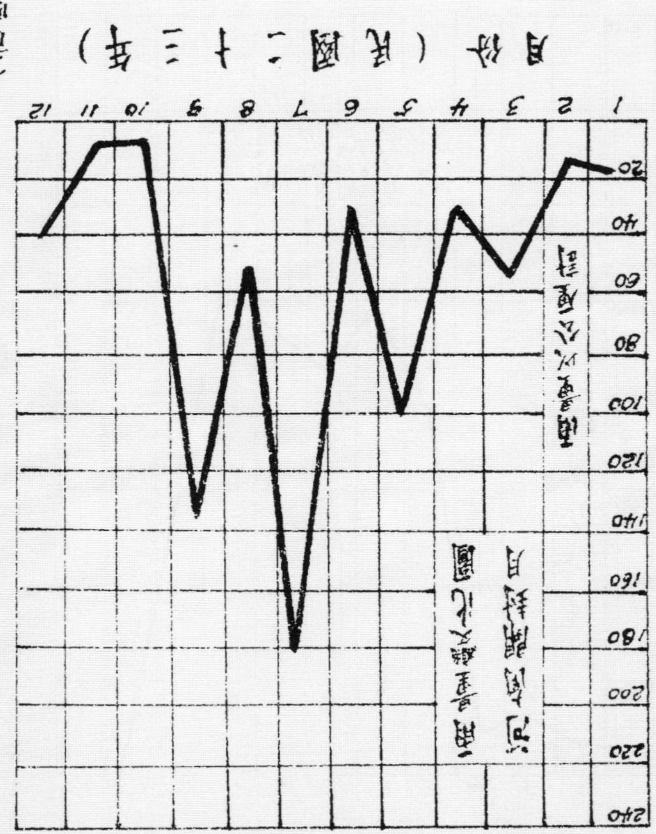
河南開封月雨量變化圖
雨量以公厘計
月份（民國二十三年）

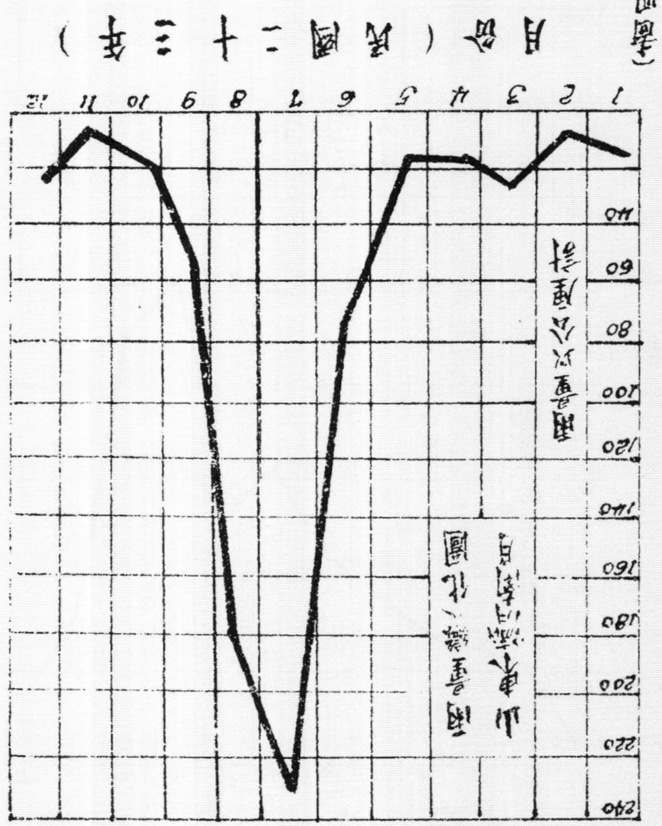
雨量以公厘計
月份（民國二十三年）

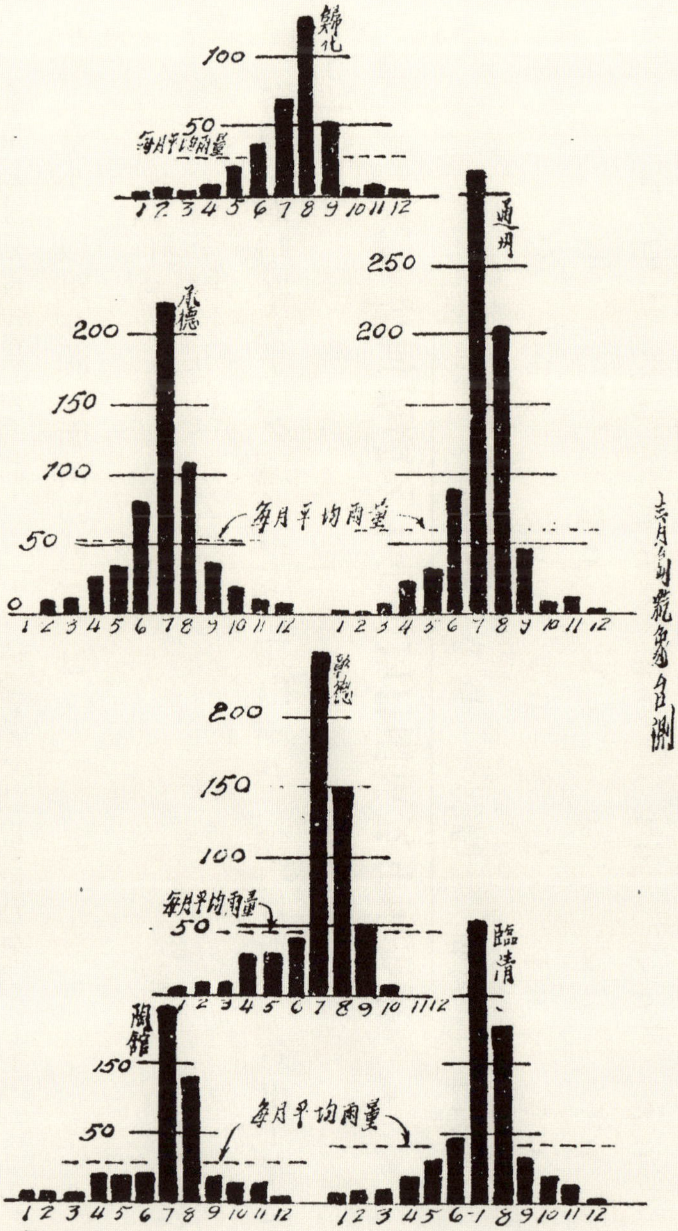

黄河流域民五至十四年各地之每月平均雨量图

（图五）

細閱以上數圖，即知各地旱季長而雨季短，平時溝內無水，較大之河流，全靠地下泉水，以維水源，衛河即其一例也

（七）年雨量

平均約五百三十公厘

各雨量測站設立年歲久遠者不多，茲由圖五之平均月雨量，算出十年之平均年雨量如下

**黃河流域之十年平均月雨量及年雨量表**

| | 承德 | 通州 | 彰德 | 館陶 | 臨清 | 歸化 |
|---|---|---|---|---|---|---|
| 一　月 | 2.5 | 2.0 | 4.0 | 4.5 | 4.0 | 2.0 |
| 二　月 | 7.5 | 2.0 | 8.5 | 3.5 | 8.0 | 4.0 |
| 三　月 | 12.0 | 4.0 | 9.0 | 3.0 | 8.0 | 2.0 |
| 四　月 | 35.2 | 20.0 | 34.5 | 25.2 | 18.0 | 7.0 |
| 五　月 | 39.8 | 30.0 | 36.0 | 24.0 | 30.0 | 22.0 |

| | | | | | | |
|---|---|---|---|---|---|---|
| 六　月 | 90.0 | 90.0 | 42.0 | 24.8 | 45.0 | 45.0 |
| 七　月 | 230.0 | 321.0 | 250.0 | 145.0 | 211.0 | 75.0 |
| 八　月 | 110.0 | 215.0 | 151.0 | 95.0 | 130.0 | 130.0 |
| 九　月 | 45.0 | 45.0 | 49.0 | 24.0 | 30.0 | 51.0 |
| 十　月 | 29.0 | 4.5 | 6.1 | 21.0 | 20.0 | 3.0 |
| 十一月 | 80.0 | 7.5 | 0.0 | 17.0 | 9.0 | 7.0 |
| 十二月 | 5.0 | 2.0 | 0.0 | 4.0 | 2.0 | 4.0 |
| **十年平均年雨量** | 605.0 | 370.0 | 592.0 | 390.0 | 510.0 | 352.0 |

六處平均數爲529.0公厘

（材料來源見圖五）

因無其他記載可考，姑合上列六處之數值而平均之，即得黃河流域之十年平均年雨量，爲五百二十九公厘。彭尼（Binni）氏謂三十年之平均年雨量可差誤到2%，二十年者到3%，十年者4%，五年者15%，即上列之平均年雨量，其精確程度到達9[illegible]%

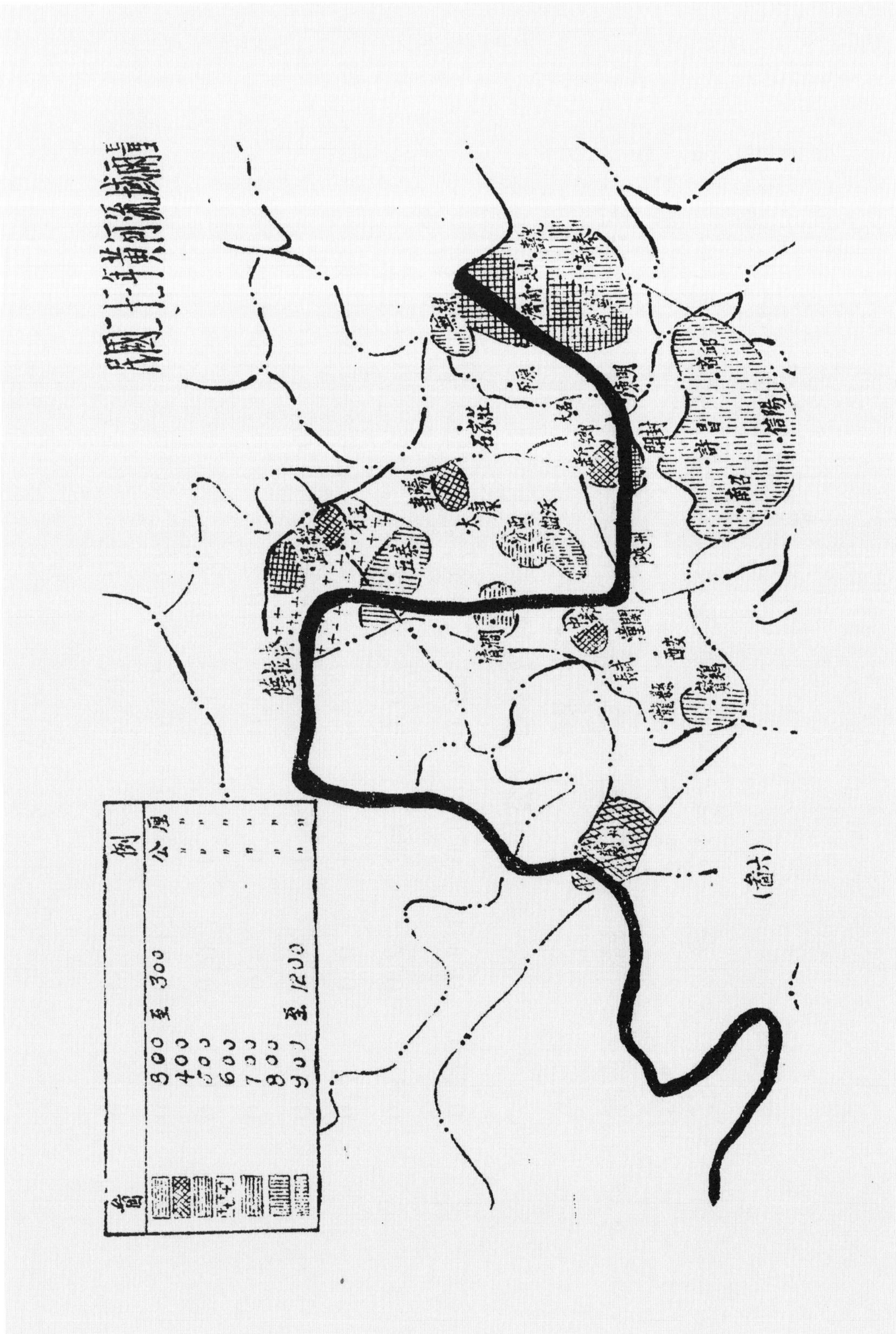

（八）暴雨

美伊（meyer）先生謂年雨量之記載，對于工程之計劃上很少用處，惟暴雨之記載，是爲設計之重要根據。

凡倫（fruhling）氏謂離暴雨中心三公里，即雨之密度減小一半，實在的！大暴雨恒限于小區域，并且時間不長，一日式百公厘之暴雨，其範圍恒不出叁千五百公厘，惟連雨三四日，即被雨範圍甚廣，有如二十二年黄河水災前，晉綏陝甘四省之大雨（見圖七）

夏季河南省常有暴雨，二十四小時中可達二百公厘，其民國二十三年六七月間之暴雨圖如下

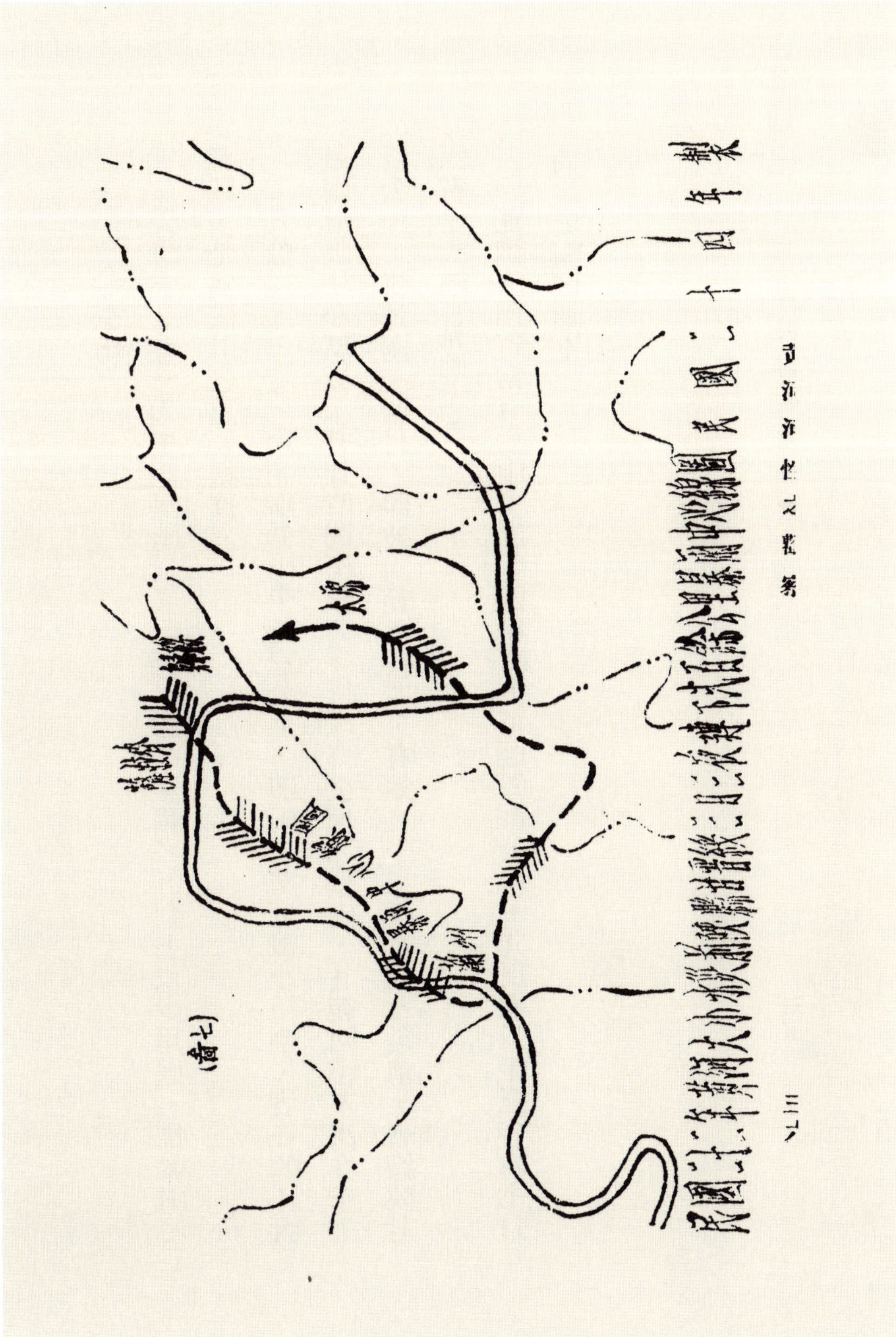

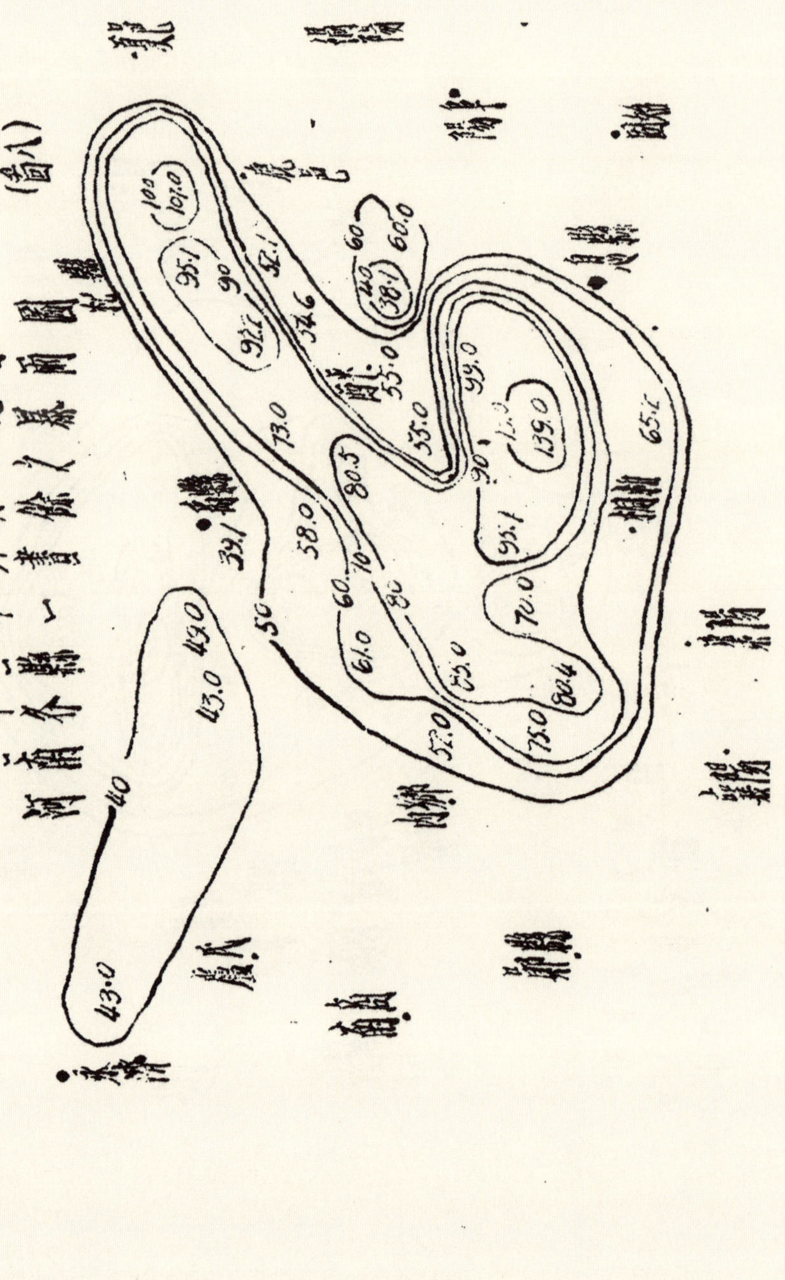
(圖八)
43.0
40
43.0
49.0
50
39.1
58.0
60
70
80
61.0
65.0
52.0
75.0
80.4
70.0
95.1
73.0
80.5
90
139.0
99.0
55.0
55.0
92.6
95.1
90
100
107.0
38.1
60
60.0
65.2

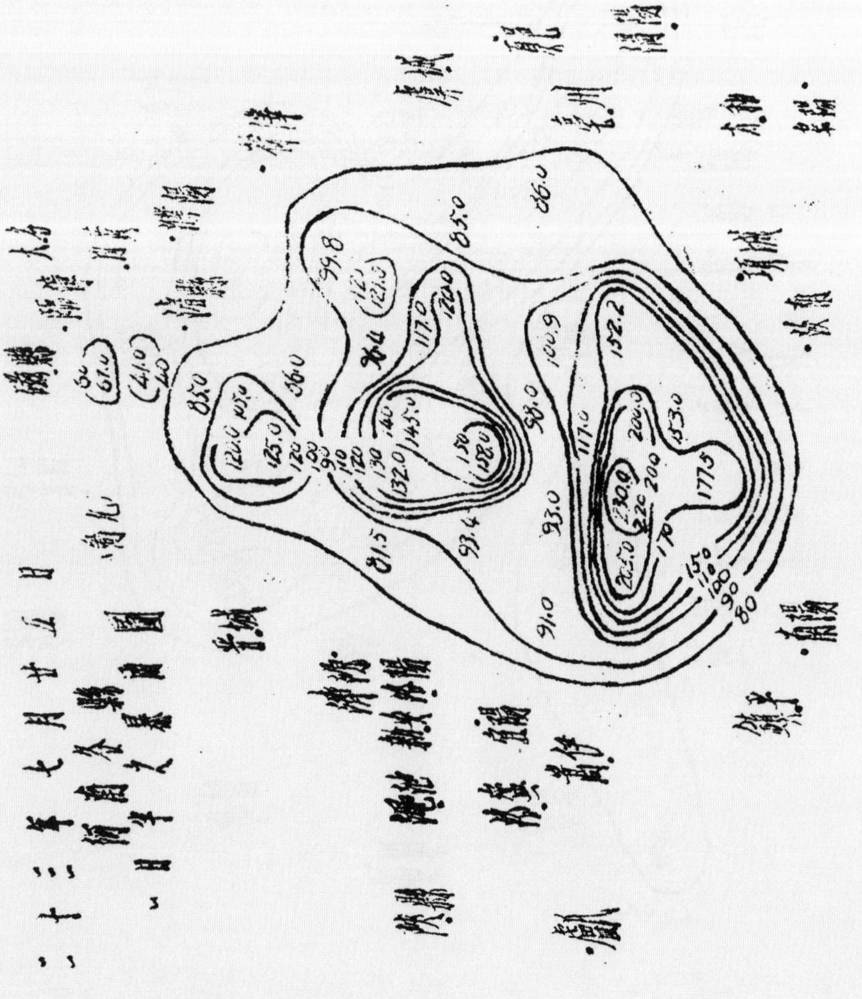

（九）時雨量　(Hour Rate)

百公厘

最暴之雨，所被區域不過幾个平方公里。沿河各地，測站既少，偶而測及甚大之驟雨不過廖廖數次而已，茲將河南各縣測得小時雨量之最高數值摘錄如下。

二三年河南省各縣之最大時雨量

| 月 | 日 | 測站地點 | 暴雨量（公厘） | 經過時間 小時分 | 最大時雨量（公厘） |
| --- | --- | --- | --- | --- | --- |
| 6 | 18 | 新鄭 | 41.0 | 2.05 | 20.0 |
| 6 | 17 | 襄城 | 51.0 | 2.00 | 25.5 |
| 8 | 4 | 開封 | 18.3 | 1.00 | 18.3 |
| 8 | 20 | 夏邑 | 100.0 | 1.00 | 100.0 |
| 8 | 6 | 商邱 | 44.0 | 2.00 | 22.0 |

| | | | | | |
|---|---|---|---|---|---|
| 8 | 6 | 睢縣 | 45.0 | 2.10 | 20.8 |
| 8 | 28 | 固始 | 45.0 | 2.05 | 21.6 |
| 8 | 3 | 孟津 | 40.0 | 1.10 | 38.6 |
| 8 | 4 | 武安 | 51.0 | 1.20 | 38.3 |
| 9 | 5 | 博愛 | 41.0 | 1.00 | 41.0 |

上表載每小時之最大雨量爲壹百公厘，此數似乎可能，按美國氣候局發表一八九六年至一九一四年之第一組時雨量報告，內載加爾費斯敦Galveston地方，有一次在一小時內，竟下壹百三十九公厘之雨。

（十）結論

落雨與落土

黃河流域大部係黃土帶及黃土之沖積層，據裴禮門氏及哈腦水工實驗所試驗，証明係肥沃之地，可是因雨量稀少，致茂草不生，樹木稀落，農植不繁，江南畝地可養一人，該處需五畝地才能養活一人。

『久晴卽雨，理之常也』，這句話不適用于半沙漠性之黃土帶，該處一遇天氣悶熱，卽行落土；因氣流上升，他處冷氣侵入，狂風驟起，飛沙走石，塵土蔽天，高達三四千尺。其來也，門戶窗牖，無孔不入，床桌几櫈，積土盈分，戶外更不須說。以故開封城北之沙堆，高出城頂，沁陽縣城一部埋入沙土中，俱係風行受建築物阻碍，土落而成邱者。

中國北部于降雨，降雹及降雪之外，還有『降土』，是他處罕聞之現象，且每年落土比落雨次數多，『三日風二日雨』一句南方俗語，倒可移至北方，改爲『三日風二日土』。平均年雨量之記載是爲九百餘公厘，其平均年土量，雖無記載可考，似比年雨量多。由開封通柳園口公路，係去歲造成，至今約一年，其路旁水溝，深及六百公厘，前月過該處，見已被風括土填平若干處！

土落平地，會再乘風飛揚他去，如降于城脚，溪溝內及窪地，就不能再飄去，吾甚慮溝渠維持之艱難。

挽救天時，增加雨水，很不容易，「森林能調濟雨量」之學説，雖尚未証明，然在此無法可施之際，造林或有幾分成効，最低限度，亦可減少「飛土」，除此還有一個良法，就是多造井吸水灌田，以興農植，務使春冬即麥莠滿野，秋夏即黍稷遍地，此二法相輔並進，預計可挽救天時百分之五十。

# 第三章

## 水位

十一，最高水位

十二，最低水位

十三，中水位

十四，平均水位

十五，常水位

十六，漲水期——七月初旬至十一月中旬

十七，伏汎與秋汎

十八、常水期——二月至六月

十九、低水期——一月及十二月

二十、局部又局部之變態『凌汛』

二一、不夥資格之『桃汛』『麥汛』

二二、統在漲水期內

古人因黄河隨時漲落，故舉物候以名水汛。

王寶槐（叔相）河防輯要，『自清明節起二十日爲桃汛，二十日以後起至立秋前一日止爲伏汛，立秋起至霜降前一日止爲秋汛，霜降後交冬爲凌汛』。

凌汛即係冰汛，原書叙『當冬至前後，天氣偶和，上游冰解，冰塊滿河，謂之冰凌，有損壞埽眉之病。河身淺窄灣曲之處，冰凌最易湧積，忽遇嚴寒，凍住不走，愈積愈厚。竟至河水不能下瀉・下游無水，上游高湧，數時之間陡漲丈許，漫堤溢岸，甚至失事』。

潘季馴河防一覽，「二三月桃花始開，冰泮雨積，川流猥集，波瀾盛長，謂之桃花水。春末蕪菁花開，謂之菜花水。四月壠麥結秀，擢芒變色，謂之麥黃水，五月瓜實延蔓，謂之瓜蔓水。朔野之地，深山窮谷，冰堅晚泮，逮乎盛夏，消釋方盡，而沃蕩山石，水帶礬腥，併流于河，故六月中旬之水謂之礬山水。七月菽豆方秀，謂之豆華水，八月菼亂華，謂之荻苗水。九月以重陽紀節，謂之登高水。十月水落，謂之復槽水。十一二月冰塊塞流，謂之蹙凌水。此外非時暴漲，謂之客水。」以上原見宋史河渠志。

安瀾紀要，「春汛水至，即逐漸停淤」。又河工本有「桃伏秋凌」四汛。他如瀹捲水，蕩浪水，雖說水勢之升漲，但與汛期無關。

王叔相先生分黃河之水泛，爲桃伏秋凌四汛。迴瀾記內，除此四汛外，又提起模糊不明之「春汛」。意者「春汛」即「桃汛」也。實則彼等俱節錄宋史河渠志之「桃」「麥」「菜」「瓜」「礬」「豆」「荻」「登」「復」「冰」「客」十一水汛。此二派之分法，一簡一繁，各有其立場。

有很多的前人記載，說牠是科學化呢？又不能拿來做實施工程的標準；說牠沒有價值呢？又似乎比普通的較爲有學理。總括一句話說，牠是一種筆記——沿河旅行一次，依鄉老口述，就可寫成的筆記。惟治河官吏賞罰任免史，與河道變遷史，須摘錄史書。

看罷！右附之水位變化圖，是近年根據科學原理測量出來的。

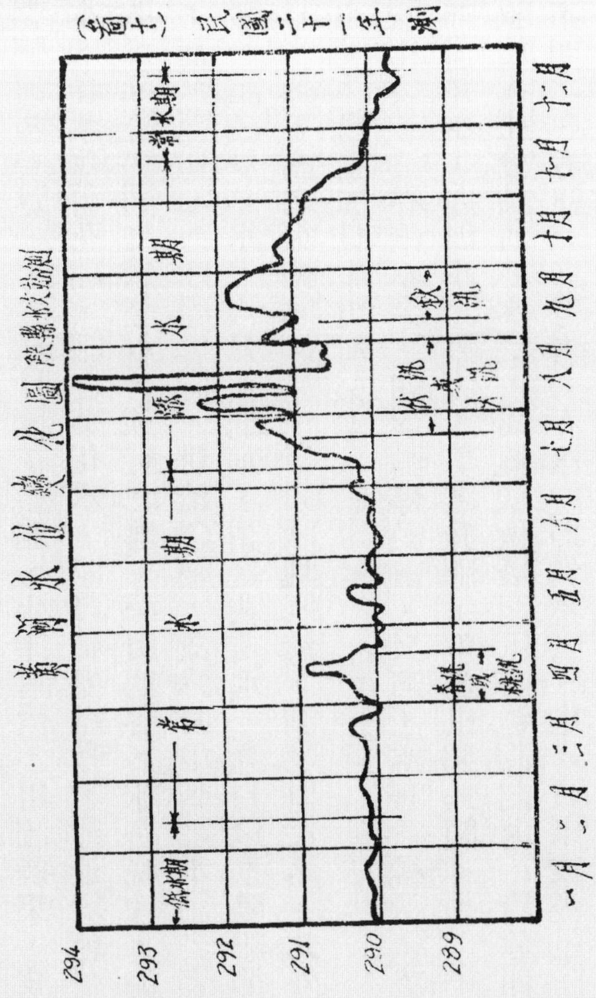

一看此圖就可抵過讀若干記載，再不會被什麼凌汛，桃汛，梅汛，杏汛，李汛……把頭腦都弄糊塗了。

著者以為「水汛」或「水漲」二個名詞，俱須有個定義，或界限。如果今天漲一寸叫做「汛」，明天漲五分也叫做「汛」，那麼一年就有幾百個汛期，決不止宋史內十一個了。

我們測量河水，總可發現一年內有一個時期，水面不高也不低，河水不大也不少，像平常一樣，這叫做「平常河水」，其水面高度，叫做「平常水面」；專門工程書內叫做「平常水位」

河水水面一定要升至平常水位以上，才可叫做「汛」，這是一個最確切的定義。

現在先來查證各段黃河之最高水位，最低水位及中水位，尋出一個「汛」的標準——平常水位。再來研究牠的汛期。

## （十一）最高水位

黃河之最高水位恆在夏秋之交（八月），因是時陝甘綏寗四省多雨，其受雨區域內之山洪蛟水，細流巨支，悉以匯入，水頭暴漲，勢如傾山倒海，巨浪滔天，奔騰澎湃，不可遏止。水位上升程度，各段不仝，陝縣旁之歷年最高水位如下。

### 黃河陝縣（河南）旁之歷年最高水位表

| 最高水位（以大沽海平面上公尺計） | 294.00 | 294.02 | 294.88 | 294.04 | 295.18 | 292.72 | 295.50 | 294.25 |
|---|---|---|---|---|---|---|---|---|
| 年（民國） | 八 | 九 | 十 | 十一 | 十二 | 十三 | 十四 | 十五 |
| 月 | 七 | 九 | 七 | 七 | 八 | 八 | 八 | 八 |
| 日 | 二八 | 一九 | 三一 | 二五 | 四 | 四 | 十 | 十 |

| 最高水位（以大沽海平面上公尺計） | 293.54 | 292.95 | 295.34 | 293.95 | 297.10 |
|---|---|---|---|---|---|
| 年（民國） | 十六 | 十七 | 十八 | 二十一 | 二十二 |
| 月 | 八 | 七 | 八 | 八 | 八 |
| 日 | 二 | 一八 | 六 | 一二 | 九 |

閱上錄之測量結果，陝縣旁黃河水漲最高時，十三年之中，有八年在八月初旬，是以黃河之最高水位，恆在八月。而最近二年之決口出險，亦在是月。該處黃河之水位最高紀錄，是在二十二年，八月九日，達二百九十七公尺有餘，

### 黃河洛口（山東）旁之歷年最高水位表

| 最高水位（以大沽海平面上公尺計） | 28.66 | 27.94 | 29.88 | 27.81 | 28.49 | 27.77 | 28.50 | 28.87 |
| --- | --- | --- | --- | --- | --- | --- | --- | --- |
| 年（民國） | 八 | 九 | 十 | 十一 | 十二 | 十三 | 十四 | 十五 |
| 月 | 八 | 九 | 八 | 七 | 八 | 九 | 七 | 八 |
| 日 | 三 | 二五 | 八 | 二八 | 一四 | 二五 | 九 | 一三 |

| 最高水位（以大沽海平面上公尺計） | 28.28 | 28.50 | 28.54 | 30.35 |
| --- | --- | --- | --- | --- |
| 年（民國） | 十六 | 十七 | 十八 | 二二 |
| 月 | 四 | 八 | 八 | 八 |
| 日 | 十七 | 七 | 十 | |

黃河洛口旁之最高水位，爲三十又點三五公尺（以大沽海平面爲標準），發現于民國二十二年八月。當時因河北省長垣縣石頭莊決口，水流潰出，迂迴北走，沿金堤以行，路長流緩，水勢大減；否則，洛口水位，還要升高。

（十二）最低水位

黃河乾水時期之水位，究竟低到什麼程度？與航運之關係如何？沿岸防水建築物基礎高度之標準何在？欲回答這種種問題，須先明瞭最低水位，依據測量記錄，

河南陝縣旁黃河之歷年最低水位在

民國八年十一月三十日，爲二八九·〇九（以大沽海平面上公尺計）

民國九年十二月二十三日，爲二八九·〇七公尺

民國十年一月一日，爲二八九·三三公尺

民國十一年十二月十日，爲二八九·二七公尺

民國十二年十二月七日爲二八九・三三一公尺

民國十三年一月一日爲二八九・三三公尺

民國十四年十二月十八日爲二八九・一八公尺

民國十五年十二月十七日爲二八九・〇五公尺

民國十六年一月二日爲二八九・〇三公尺

民國十七年十二月十二日爲二八八・八九公尺

民國十八年一月二十二日爲二八九・二六公尺

民國二十年十二月十七日爲二八八・九五公尺

民國二十一年十二月十五日爲二八九・〇五公尺

民國二十二年一月三日爲二八九・二三一公尺

綜上之十四年測量結果，其最低水位總在十二月或一月，而其最低記錄，以大沽海平面作標準，即爲「二百八十八公尺點八九」，發現于民國十七年十二月十二日。

山東洛口旁黃河之最低水位在

民國八年五月三日爲一一二・五〇（以大沽海平面上公尺計）

民國九年一月十九日爲一一四・〇一公尺

民國十年一月七日爲一一三・九五公尺

民國十一年一月二十二日爲一一三・六〇公尺

民國十二年十二月二十九日爲一一四・一三公尺

民國十三年一月二十二日爲一一三・八五公尺

民國十四年十月十九日爲一一四・一一公尺

民國十五年三月七日爲一一四・〇二公尺

民國十六年十二月二十一日爲一一四・七四公尺

民國十七年十二月二十三日爲一一四・七一公尺

民國十八年十二月二十日爲二三・七二公尺

上列洛口旁黃河之十一年測量結果，如以大沽海平面作標準，即其最低之水位記錄，爲民國八年五月三日之「二十三公尺點五十」，但低水位之出現時日，亦以在十二月及一月內爲多。

（十三）漲落之差及中水位

常聞人說，「黃河水泛時，水頭數丈，巨浪滔天」。但河水不比潮水，前一句話未免言過其實，後一句話，因水勢與風勢同時並至，卽甚可能。欲知黃水升漲之最大可能性，當知高低水位之差。根據上列四表算出：

黃河陝縣（河南）旁之高低水面差（公尺）

| 年 | 八 | 九 | 十 | 十一 | 十二 | 十三 | 十四 | 十五 | 十六 | 十七 | 十八 | 廿一 | 廿二 |
|---|---|---|---|---|---|---|---|---|---|---|---|---|---|
| 水位差 | 6.91 | 49.5 | 55.5 | 577. | 58.6 | 33.9 | 6.32 | 5.20 | 4.51 | 4.06 | 6.08 | 4.90 | 7.90 |

上列黃河水位漲落之差數，以民二二年之七公尺九爲最大，惟該處已發現之

最高水位爲二九七・一〇公尺，最低水位爲二八八・八九公尺，將來或許在全年出現，故最高最低水面之差數八公尺二一，合二丈五尺，實爲黃河陝縣旁河水漲落之最大可能性。

高低二水位之平均數，爲二九二公尺九九，（以大沽海平面上計）即係陝縣黃河之中水位。

黃河洛口（山東）旁之高低水面差（公尺）

| 年 | 八 | 九 | 十 | 十一 | 十二 | 十三 | 十四 | 十五 | 十六 | 十七 | 十八 |
|---|---|---|---|---|---|---|---|---|---|---|---|
| 水位差 | 5.16 | 3.93 | 5.43 | 4.21 | 4.36 | 3.92 | 4.39 | 4.45 | 3.54 | 4.34 | 4.82 |

上列係年對年水面之差數，其最大值爲民國十年之五公尺四三。其已發現而不在全年之高低水面最大差數，爲六公尺七一，合二丈一尺，此數實爲濟南附近，洛口黃河水漲落差之可能性。

高低水位之平均數爲二六公尺九二（以大沽海平面上計），即係洛口黃河之中

(十四)平均水位

由民國十七，十八年測出之七百二十多個數值中，算出陝縣黃河之平均水位，為大沽海平面上二八九・三五公尺。擬再算下去而夜已深，靜默籠罩着滿城，人們俱已入睡鄉，雞也要啼了，頭痛得利害！尚有幾萬數值，算不下去了。留待白天有機會再來罷。

(十五)常水位

我並不是故意令人家開玩笑！實在有許多談「治黃」的人，不很明瞭「河性」。譬如有一部份人主張「固定黃河中水河槽」為治河之根本辦法；其他一部份人即不表全意，其所持理由是「黃河中水時期太短」。實在我們所須注意的是黃河的平常水位，和常水河槽，而不是中水位！在黃河內，此二種水位高低不一；而在世界其他河道內，卽多數幾相吻合；是須認淸，而不能生謬誤者。

陝縣黄河每年河水升降之變化有八公尺之多，而徘徊于二八九公尺五至二九〇公尺五（以大沽海平面作標準）之間之水面在

民國八年有八四天

民國九年有一一六天

民國十年有一九六天

民國十一年有二一五天

民國十二年有二三五天

民國十三年有二六一天

民國十四年有一四二天

民國十五年有一六八天

民國十六年有一〇七天

民國十七年有二四九天

民國十八年有一五九天

河水水面升沉于此範圍內，久的時候，竟達二百六十餘天，約合九個月・平均每年亦留駐一百七十五天，約合六個月之久・故自二八九公尺五至二九〇公尺五——緊攏一點說，二百九十公尺(以大沽海平面上計)，實爲陝縣旁黃河之平常水位。比中水位約低九尺(合二・九九公尺)

洛口黃河每年水面漲退之變化有七公尺之多，而上落于二四公尺五至二五公尺・五(以大沽海平面上公尺計)之間者，在

民國八年有一四二天

民國九年有一四三天

民國十年有一八一天

民國十一年有一九六天

民國十二年有一六二天

民國十三年有一九四天

民國十四年有一六()天

民國十五年有一四六天

民國十六年有六二天

民國十七年有一六九天

民國十八年有一四七天

該處水面在此·公尺範圍內，留駐最久者爲民國十一年之一百九十六天約合六個半月。平均每年亦留駐一百五十五天。故廿五公尺(以大沽海平面上計)左右，實爲洛口黃河之平常水位。比中水位約低六尺(合一公尺九)。

常水位之低限，卽係低水位之高限，陝縣段爲大沽海平面上二八九。五公尺，洛口段爲二四公尺。水面降低跨過此限，卽進入低水位範圍。

細閱這二節，便知黃河之中水位與常水位有一丈半的離奇差異，這是一種特特別別的現象，不可與其他河道相提並論。認清罷！我研究河工的同志們唷！

總括起來，黃河水面之變化，僅可分爲『漲水期』『常水期』『低水期』三種，不必冇什麼梅汛，杏汛……復槽，出槽水……。

（十六）漲水期

河水水勢以秋夏之交爲最大；因時當伏節，謂之『伏汛』，亦稱之爲『大汛』，在昔君主時代，河工人員，巡視堤防特別嚴緊，腐化的河道總督，亦不得不于此期內，到河邊住二三月，以示注意。按測量結果，

河南省陝縣旁黃河在

民國八年七月十日，河水開始離常水位（大沽海平面上290公尺）上漲三尺，後繼續漲至一丈八尺。到九月六日，始退近常水位。

九月十六日起復漲，升高四尺五。十月二十七日始退盡。（秋汛）

民國九年七月七日起漲，最高上升一丈二尺，十一月廿五日退盡

民國十年六月十四日起漲，最高上升一丈五尺，十一月十九日退盡
民國十一年七月十四日起漲，最高上升一丈二尺，十月十五日退盡
民國十二年七月十九日起漲，最高上升一丈六尺，十一月十九日退盡
民國十三年七月十二日起漲，最高上升八尺，八月十八日退盡
民國十三年十一月四日起漲，最高上升六尺，十一月十四日退盡※
民國十四年六月廿七日起漲，最高上升一丈六尺，十月廿七日退盡
民國十五年七月八日起漲，最高上升一丈三尺，九月一日退盡
民國十五年九月三日起漲，最高上升五尺，九月十一日退盡※
民國十六年六月五日起漲，最高上升一丈六尺六，八月九日退盡
民國十六年八月十五日起漲，最高上升一丈六尺五，十一月十日退盡※
民國十七年七月十六日起漲，最高上升八尺，七月二十日退盡
民國十七年十月十三日起漲，最高上升三尺五，十一月四日退盡※

民國十八年七月十七日起漲，最高上升一丈六尺九，十月三日退盡

細閱以上記錄，陝縣黃河每年漲水，最早自六月五日，最慢自七月十九日起，餘俱在七月初旬，至于退水時日，即最早在九月十一日，最慢在十一月廿五日，大多數在十一月月半前退盡。

山東省洛口旁黃河在

民國八年七月十六日，河水離常水位（高于大沽海平面25公尺）上漲，最高上升一丈一尺，九月六日退落至常水範圍內。

民國 九 年七月廿六日起漲，最高上升 六 尺 ，九 月 六 日退盡

民國 九 年九月十八日起漲，最高上升二丈一尺 ，十二月十七日退盡※

民國 十 年六月廿二日起漲，最高上升一丈三尺二，十一月 二 日退盡

民國十一年七月十九日起漲，最高上升 八 尺四，十 月 六 日退盡

民國十二年七月廿四日起漲，最高上升一丈〇尺五，十二月 四 日退盡

民國十三年七月九日起漲，最高上升七尺六，八月十九日退盡

民國十三年九月廿二日起漲，最高上升八尺三，十二月一日退盡※

民國十四年七月一日起漲，最高上升一丈〇尺五，十月十三日退盡

民國十五年七月十五日起漲，最高上升一丈三尺四，九月廿六日退盡

民國十五年十月六日起漲，最高上升四尺，十月二三日退盡※

民國十六年七月十日起漲，最高上升一丈，十二月二日退盡

民國十七年七月十日起漲，最高上升九尺，九月十二日退盡

民國十七年十月一日起漲，最高上升四尺，十一月二九日退盡※

民國十八年七月二十日起漲，最高上升一丈〇尺六，十一月三十日退盡

上列（※秋汎記號）十一年之記錄，黄河漲水最早自六月廿二日，最遲自七月廿六日起，平常俱在七月中旬。退水最早在九月六日，最遲在十二月四日退淨，平常在十一二月之交。

這是一個多麼明顯的證據！洛口河水的漲退，總是比陝縣約慢十天。而往往有治河工程師，說陝縣之水一天可到洛口，眞是瞎講一泡。

統計各水文站測量結果，每年自七月初旬起至十一月中旬，約經四月又十日爲黄河之漲水期。

## （十七）伏汛與秋汛分不清

——不需要二個名詞

如果河水也仝節候一樣，僅有冷熱的變化，那麼，我們就可叫他春水，夏水，秋水……。可是江河水面，僅有漲落之變化，人們單示其水勢，故以『汛』字表明其升漲。某某汛即表示某某次之上漲水勢。第一第二前後二次之水汛的中間，必有一次水落，否則，一而二，二而一。分辨不清。

『伏汛』『秋汛』這二個名詞，就是犯了這個毛病。因爲在這二汛的中間，並沒有顯著的水落，而仝在漲水期內。前二表示民九，十，十一，十二，十四，十八年夏秋之交，陝縣黃河竟無所謂『落』。洛口黃河當民八，十，十一，十二，十四，十七，十八年，荷放桂香之季，正是河水滿時，到交冬方落，又何有『伏』『秋』汎之分！多加一個名詞，適足以混亂關心黃河安瀾者之頭腦！

即如前節二表內有※記號處，示明漲水期內，曾經落水；然亦不過數天。如陝縣黃河在民十五夏秋之交，只落二天。民十六落六天，民十八落十天。洛口黃河也是一樣，民九落十二天，民十五落九天。這種偶有——並不是年年——數天間斷，就可將牠作爲大水汎期的間隔嗎？雖民十三十七二年，低落得較久。但河水初漲時就來勢不大，不到一丈，故一伏之下再行上漲，還是仝一汎也。一方面有這種特別的原因，他方面復因十餘年之中，只有二年；可說是一個例外。而『伏』『秋』二汎，實在不能分開。並可以不再採用二個名詞，『漲水期』三字已妥妥當當。

（十八）常水期

前曾述(第十五節)陝縣黃河水面，留駐于平常水位(在高出大沽海平面290上下之一公尺內)之時日，最久達一百九十六日，平均亦六月有餘，洛口黃河之情形，亦相仿佛。這無甚升漲的長時期，就是常水期。

常水期究竟在春夏秋冬那一季呢？按普通情形，過了漲水期，就是常水期，過了常水期，卽是低水期；低水期過去，又來第二次的常水期，再回到次歲之漲水期，成一循環。黃河卽不然，十一月河水落，就像飛機暨蜻蜓一樣，一直揷落到低水位。其在十一二月交接時，河水之逗留于常水位者，至多不過二三十天可算常水期。至次歲二月，水才上升，一直至六月底，共有五個月爲常水位時期。

(十九)低水期

最後我們來研究低水期，俾便明瞭，黃河水小時期，究竟有多少日子？在那一個節候？

陝縣黃河之最低水位，爲大沽海平上二百八十八公尺點八九(見第十二節)，而自常水位之低限二百八十九公尺半（第十五節）以下，達到最低水位爲止，都叫做低水位，河水逗留于這個水面的時期，就是低水期。

按照水文站測量，陝縣黃河之水面降至常水位以下，低水位範圍內，在

民國八年自十一月廿七日起至次年二月十二日止繼續共有六三天
民國九年自十二月十七日起至次年一月九日止繼續共有十八天
民國十年自十二月卅一日起至次年一月十五日止繼續共有三天
民國十一年自十二月四日起至次年一月六日止斷續共有十七天
民國十二年自十二月五日起至次年一月四日止繼續共有十天
民國十三年自十二月十三日起至次年二月廿六日止斷續共有四一天
民國十四年自十二月十一日起至次年三月二日止斷續共有五六天
民國十五年自十二月八日起至次年二月十八日止斷續共有六四天
民國十六年自十二月十三日起至次年二月十五日止斷續共有四〇天

民國十七年自十二月十四日起至次年二月二三日止斷續共有五三天

民國十八年自十二月 七 日起至次年二月十七日止斷續共有五〇天

綜上記錄，陝縣旁黃河之低水期，最長有六十四天之久，最短不到十天，平均每年有四十三天。就說『一個半月』好啦！

該處之低水期，以一月份及其相連兩月（十二月，二月）之上下旬爲正節，雖則最早有時在十二月四日開始，最遲挨到次歲三月二日完結。但十二月十二號以前，和二月十號以後之低水日子，疏而不密矣。

山東洛口旁黃河之常水位低限，爲大沽海平面上二十四公尺半。降而進入低水位範圍之時期，在：

民國八年自十一月廿七日起至次年五月二日止斷續共有七十四天

民國九年自十二月廿一日起至次年三月二日止斷續共有三十二天

民國十年自 十 月 八 日起至次年五月二日止斷續共有七 十 天

民國十二年自十二月十七日起至次年五月　九　日止斷續共有五十七天

民國十三年自十二月二十日起至次年六月　一　日止斷續共有七十九天※

民國十四年自十二月十五日起至次年五月三十一日止斷續共有八十一天

民國十六年自十二月廿一日起至次年一月二十一日止斷續共有　九　天

民國十七年自十二月十八日起至次年六月　八　日止斷續共有二十四天※

民國十八年自十二月十六日起至次年一月二十二日止斷續共有二十七天

洛口黄河之低水位時期，最長有八十一天之久，最短僅有九天，平均每年有四十一天。也可說『個半月』。

上表最使我們驚奇的，是低水位之出現，最早自十一月二十七日起，最遲到六月八日始了結。前後拖延七個月之久！

而此僅僅有四十餘天之低水期，其正節究竟在那一月呢？細考詳細實測記錄原稿，即知道大多數年頭，都是在二月一月之交，低水時日最多，如民八，九，十，十二，十八年是，有九年即五六月之交，河水亦常淺，如民十四年自五月一日至六月四日，一連三十餘日河水俱在常水位低限以下。故臘（十二月）正（一月）之交或五月，是爲洛口附近黃河之低水期。

河南省西部陝縣附近，與山東省濟南北洛口鎭附近之黃河情形不仝，在五六月間，前者河水已升至常水位範圍，後者有時尙兼旬水淺。這是因洛口黃河較近海口，水位變化亦較呆滯。冬春之交，上游雖有一部份水源，因不甚暢旺，故近上游之陝縣黃河水面，自然還可上升，而近下游之洛口水面，即高漲不起，留滯于原位。

（二十）局部又局部之變態淩汛

淩汛即是氷汛，隆冬嚴寒，正值低水位時期，又何來有水汛？實在這是一種假汛，並非眞汛，上游並沒有旺源瀉來，實因天氣有溫寒變化，結氷解凍，一無定例。致常有透明之結晶體，隨水漂流，河灣氷塊擠，水淺冰擱灘，遇冷再凍，

塞住河流，水勢倒湧數里或數十里。就有人喊「汛」！此明係局部之事，不是眞汛，故謂之變態凌汛。雖則或水湧中岸，致奔潰出險，此應歸于防守人員之不力，並不是「水勢大，奔騰澎湃，抗禦乏術」也。

（二十一）不夠資格之「桃汛」「麥汛」

上述之漲水期，沒有包括桃花開或麥結莠之季候，實因桃華麥實之時，河漲不顯，試看陝縣黄河在

| | | |
|---|---|---|
| 民國八年 | 記載缺（桃汛） | 六月十二日至二十八日僅漲四尺（麥汛） |
| 民國九年 | 四月二日僅漲一尺五（桃汛） | 五月十日至六月廿九日僅漲六尺（麥汛） |
| 民國十年 | 甚微（桃汛） | 六月十五日僅漲一尺半（麥汛） |
| 民國十一年 | 三月二日至五日僅漲四尺二（桃汛） | 五月八日至十日僅漲二尺二（麥汛） |
| 民國十二年 | 三月廿九至四月二日僅漲四尺（桃汛） | 甚微（麥汛） |

民國十三年四月九日至十二日僅漲三尺四（桃汛）　甚微（麥汛）

民國十四年　甚微（桃汛）　五月廿六日至廿七日僅漲一尺半（麥汛）

民國十五年　甚微（桃汛）　甚微（麥汛）

民國十六年四月三日至六日僅漲三尺（桃汛）　六月十三日至十四日僅漲一尺八（麥汛）

民國十七年　甚微（桃汛）　甚微（麥汛）

民國十八年三月廿七日至廿九日僅漲三尺（桃汛）　甚微（麥汛）

平均　僅漲一尺九（桃汛）　僅漲一尺六（麥汛）

綜上記錄，陝縣黃河之桃汛麥汛，常常不漲，即漲亦每年平均僅達一尺九（桃汛）及一尺七（麥汛）

洛口黃河在

民國八年　記載缺（桃汛）　甚微（麥汛）

民國九年　甚微（桃汛）　五月廿七日至卅一日僅漲二尺六（麥汛）

| | | |
| --- | --- | --- |
| 民國十年 | 四月八日至十一日僅漲一尺八（桃汛） | 五月十五日至二十日僅漲二尺三（麥汛） |
| 民國十一年 | 甚微（桃汛） | 甚微（麥汛） |
| 民國十二年 | 四月六日至八日僅漲一尺（桃汛） | 甚微（麥汛） |
| 民國十三年 | 甚微（桃汛） | 甚微（麥汛） |
| 民國十四年 | 甚微（桃汛） | 甚微（麥汛） |
| 民國十五年 | 甚微（桃汛） | 六月廿三日至廿九日僅漲一尺一（麥汛） |
| 民國十六年 | 三月十五至五月三日僅漲七尺三（桃汛） | 六月十八日至廿六日僅漲一尺三（麥汛） |
| 民國十七年 | 四月三日至七日僅漲一尺三（桃汛） | 甚微（麥汛） |
| 民國十八年 | 四月三日至五日僅漲一尺二（桃汛） | 甚微（麥汛） |
| 平均每年 | 僅漲一尺三（桃汛） | 僅漲一尺五（麥汛） |

洛口黃河之桃麥二汛在十一年中，有十二次無汛。其漲水之平均數，每年僅達九寸（麥汛）及一尺三（桃汛）。

數寸或尺許之水面變化，算得水汛麼？眞是微乎其微！隨便那一條河內，也會常常遇到，不要說是這樣有名的黃河！以之定爲一汛，眞是不夠資格！表內『甚微』二字，是塡得圓妥一點。如果用欽天監口吻，就可寫四月桃汛『不現』應誅某某斥革大臣，以謝山河。昏頊帝王若將此二汛定爲不易之理，那就遭透了！

(二十二)統在漲水期內

宋史自六月至九月(陽曆)之礬山水，豆華水，荻苗水，及登高水，統在著者所定之漲水期內，並且中間並無斷續的漲落，全是相連的！可不是一而二，二而一，全是今人所謂之**大汛**麼！八月荻亂華謂之『**荻苗水**』，這個**名**詞尤其定得好笑。

(二十三)**變名**

至於菜華水與瓜蔓水就是他們所謂『麥汛』一水之變名。因麥汛有早到遲到，一如大汛或從六月底起，或由七月中旬起一樣。在水文記載內，尋不到一年內有『**菜**』『**麥**』『**瓜**』三水或二水俱發之事。

# 第四章

## 流量

二十三・最大流量——每秒二萬立方公尺

二十四・最小流量——每秒七十四立方公尺——

流量比率——一比一百三十八・

二十五・平常流量——陝縣每秒約三百五十立方公尺

洛口每秒約四百五十立方公尺

二十六・最大流速——每秒約四公尺六

二十七・平常流速——陝縣每秒約一公尺七

洛口　每秒約一公尺

流量關係于河道之本身；無水則河槽不能自開，更不能作福作威，使人迎拒爲難，我們爲避災就福計，便不得不去研究江河之本質——流量。普通人想來，流量大，便河道大，水災亦巨。但是流量記錄高，不一定有水利，江河利益之多少，倒不在乎流量記錄之高超，而在水流平穩，水量有恆，盈消之變化不劇・黄河流量之變化究竟如何呢？剛剛與理想相反；大就大到弍萬立方公尺以上，小就小至一百立方公尺之下，漲時比淺時多壹百餘倍，這便使導治問題頗感辣手；還是專務高厚堤岸，鞏固大水河槽，像最近幾年所行的政策一樣呢？還是另覓新法，注意于別一種水量之河槽呢？是非詳細，認眞，去研究最大流量，平常流量，最小流量，流量比率……不會有清楚的見解，更不會有精確的觀念！

自然愈近上游流量愈小，愈近下游流量愈大，各叚不一律，玆先錄沿河各站之記載，以示流量情況之一般：

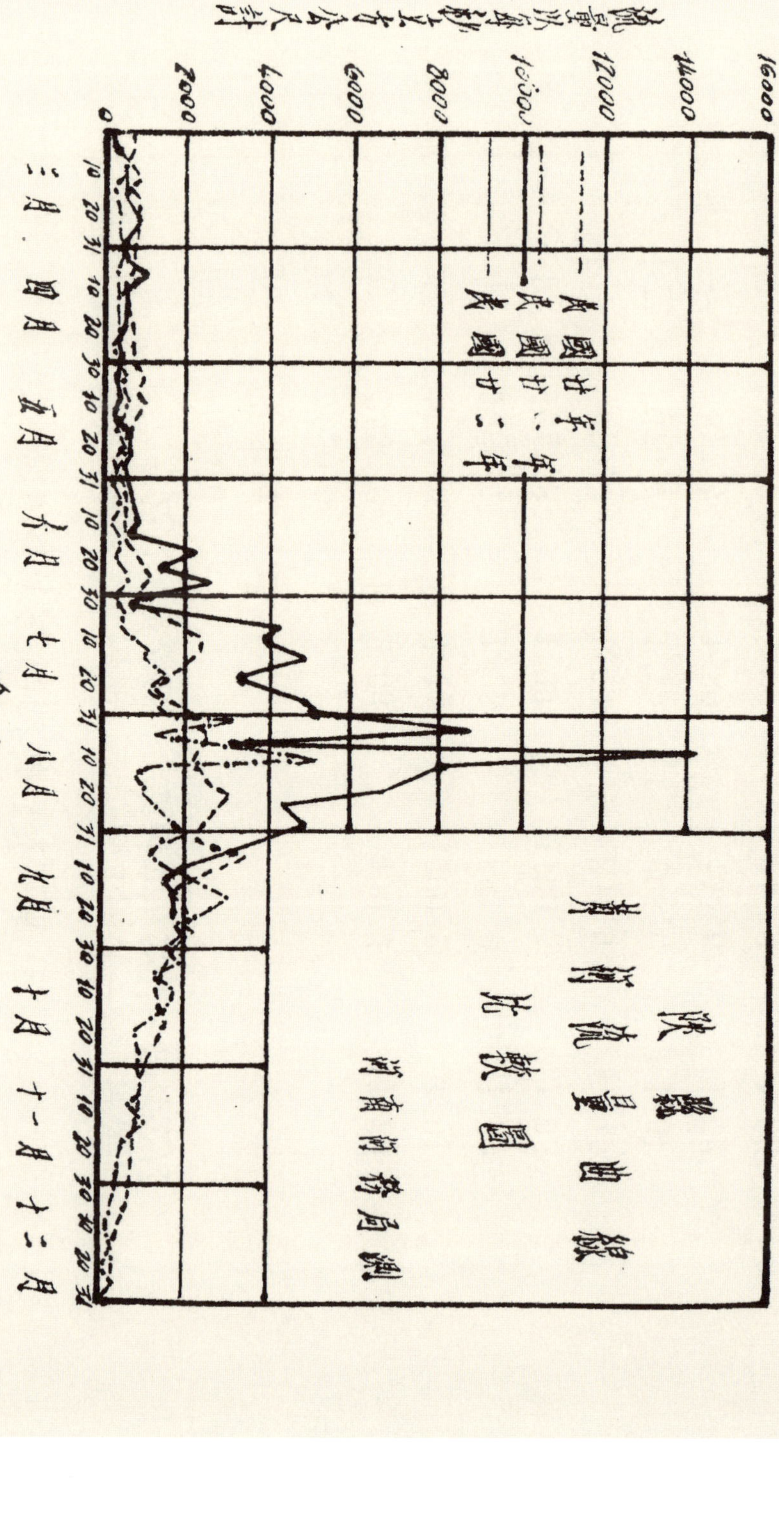


黄河河性之觀察 (圖十一)

七七

## 河南省陝縣黄河之流量及流速

| 年 | 月 | 最大流量 每秒立方公尺 | 流速 每秒公尺 | 最小流量 每秒立方公尺 | 流速 每秒公尺 |
|---|---|---|---|---|---|
| 八 | 四 | 480.0 | | | |
| | 五 | 685.0 | | | |
| | 六 | 7920.0 | | | |
| | 七 | 3536.0 | 2.06 | 499.3 | 1.30 |
| | 八 | 3649.6 | 2.14 | 1560.2 | 1.91 |
| | 九 | 1568.7 | 1.93 | 881.0 | 1.62 |
| | 十 | 1647.8 | 1.99 | 1190.5 | 1.92 |
| | 十一 | 976.3 | 1.79 | 304.9 | 1.45 |
| | 十二 | 376.7 | 1.73 | 298.0 | 1.51 |
| 九 | 三 | 874.7 | 1.89 | 455.6 | 1.72 |
| | 四 | 1476.9 | 2.00 | 645.0 | 1.86 |

|  |  |  |  |  |  |
|---|---|---|---|---|---|
|  | 六 | 2424.8 | 2.30 | 1146.4 | 1.91 |
|  | 七 | 1820.9 | 2.15 | 1207.4 | 1.93 |
|  | 八 | 3153.4 | 2.04 | 1493.3 | 1.91 |
|  | 九 | 4079.4 | 2.23 | 1060.8 | 1.72 |
|  | 十 | 4345.8 | 2.30 | 1522.2 | 1.91 |
|  | 十一 | 1345.7 | 1.90 | 894.2 | 1.68 |
|  | 十二 | 1016.2 | 1.98 | 240.3 | 1.26 |
| 十 | 三 | 688.9 | 1.65 | 588.3 | 1.69 |
|  | 四 | 1169.5 | 1.77 | 585.2 | 1.56 |
|  | 五 | 1022.6 | 1.72 | 511.6 | 1.45 |
|  | 六 | 2435.1 | 1.90 | 460.0 | 1.44 |
|  | 七 | 5371.9 | 2.14 | 1578.4 | 1.71 |
|  | 八 | 4201.3 | 2.19 | 2433.3 | 1.92 |
| 十七 | 十一 | 555.0 | 1.72 | 466.5 | 1.88 |
|  | 十二 | 405.1 | 2.05 | 144.9 | 1.07 |

| | | | | | |
|---|---|---|---|---|---|
| 十八 | 一 | 372.4 | 1.71 | 221.9 | 1.70 |
| | 二 | 470.4 | 1.99 | 269.6 | 1.57 |
| | 三 | 1358.5 | 2.17 | 379.9 | 1.70 |
| | 四 | 870.0 | 1.84 | 418.3 | 1.89 |
| | 五 | 454.8 | 1.81 | 346.8 | 1.49 |
| | 八 | 4723.0 | 2.73 | 1404.0 | 2.38 |
| | 九 | 1751.0 | 2.44 | 1232.0 | 2.16 |
| | 十 | 1851.0 | 2.55 | 1357.0 | 2.71 |
| | | 上表華北水利委員會測，最小流量爲144.9立公尺 | | | |
| 二十 | 十 | 1542.9 | 2.53 | 1170.0 | 2.47 |
| | 十一 | 1107.2 | 2.20 | 764.0 | 2.17 |
| | 十二 | 651.9 | 1.98 | 168.7 | 1.48 |
| 廿一 | 三 | 581.2 | 2.10 | 315.4 | 1.56 |
| | 四 | 969.7 | 2.54 | 379.7 | 1.74 |
| | 五 | 670.9 | 2.07 | 395.4 | 1.78 |

| | | | | | |
|---|---|---|---|---|---|
| | 六 | 563.6 | 2 12 | 343.5 | 1.62 |
| | 七 | 1523.5 | 2.52 | 497.3 | 1.81 |
| | 八 | 5453.0 | 3.38 | 842.4 | 1.91 |
| | 九 | 3359.5 | 3.37 | 1247.6 | 2.30 |
| | 十 | 1736.3 | 2.53 | 1076.0 | 2.63 |
| | 十一 | 1170.7 | 2.66 | 614.2 | 1.99 |
| | 十二 | 482.8 | 1.82 | 211.7 | 1.67 |
| 廿二 | 一 | 270.5 | 1.70 | 175.4 | 1.46 |
| | 三 | 715.7 | 2.13 | 412.4 | 1.89 |
| | 四 | 1173.9 | 2.44 | 449.9 | 1.73 |
| | 五 | 663.6 | 2.22 | 397.6 | 1.78 |
| | 六 | 2823.9 | 3.15 | 673.3 | 2.01 |
| | 七 | 758.2 | 3.55 | 1218.8 | 2.62 |
| | 八 | 14347.2 | 4.56 | 2 42.3 | 3.05 |
| | | 22000.0據Eliason及劉鍾鑽二先生估測 | | | |

| 十二 | 632.5 | 1.75 | 333.3 |
|---|---|---|---|

上表河南河務局測，最大流量爲二萬立方公尺

## 山東洛口之黃河流量

| 年 | 月 | 最大流量 每秒立方公尺 | 流量 每秒公尺 | 最小流量 每秒立方公尺 | 流量 每秒公尺 |
|---|---|---|---|---|---|
| 八 | 四 | 431.20 | 0.74 | 300.60 | 0.56 |
| | 五 | 595.72 | 0.94 | 227.20 | 0.51 |
| | 六 | 1231.32 | 1.20 | 102.58 | 1.35 |
| | 七 | 38 0.00 | 2.08 | 648.00 | 1.25 |
| | 八 | 3503.60 | 2.06 | 2810.00 | 2.01 |
| | 九 | 1646.00 | 1.60 | 1240.00 | 1.39 |
| | 十 | 2385.99 | 1.92 | 1734.55 | 1.61 |
| | 十一 | 1414.93 | 1.52 | 729.40 | 0.94 |
| | 十二 | 42[illegible].13 | 0.73 | 372.52 | 0.67 |
| 九 | 三 | [illegible]38.57 | 1.11 | 370.04 | 6.68 |
| | 四 | 1122.64 | 1.32 | 657.82 | 1.19 |
| | 五 | 3288.41 | 2.11 | 767.72 | 1.18 |

| | | | | | |
|---|---|---|---|---|---|
| | 六 | 3551.67 | 2.25 | 1709.77 | 1.64 |
| | 七 | 3261.29 | 2.15 | 1479.09 | 1.55 |
| | 八 | 487 .14 | 2.41 | 2307.79 | 1.83 |
| | 九 | 4936.38 | 2.61 | 1747.03 | 1.61 |
| | 十 | 5601.75 | 2.45 | 2246.98 | 1.87 |
| | 十一 | 2103.77 | 1.76 | 1335.27 | 1.15 |
| | 十二 | 1074.17 | 1.10 | 358.35 | 0.54 |
| 十 | 三 | 1139.87 | 1.27 | 4 1.97 | 0.51 |
| | 四 | 1268.20 | 1.31 | 536.38 | 0.99 |
| | 五 | 1770.42 | 1.87 | 524.50 | 1.15 |
| | 六 | 8518·50 | 2.63 | 488.51 | 0.93 |
| | 七 | 6721.30 | 2.62 | 22'4.60 | 2.13 |
| | 八 | 7887.20 | 2.62 | 5877.00 | 2.56 |
| 十八 | 七 | 2919.00 | 2.36 | 789.50 | 1.57 |
| | 八 | 4614.00 | 2.63 | 1727.00 | 1.97 |
| | 九 | 2737.00 | 2.44 | 1221.00 | 1.63 |
| | 十 | 1927.00 | 2.12 | 810.20 | 1.11 |
| | 十一 | 1361.00 | 1.51 | 701.00 | 0.98 |

| 十二 | 522.20 | 0.[illegible]8 | 73.66 | 0.28 |
|---|---|---|---|---|

上表華北水利委員會測

二十二年大水，洛口八月十日之流量爲九八〇〇立公尺（每秒），其最小流量爲七三・六六立公尺。

（二十三）最大流量

綜計上表，最大流量在陝縣爲每秒二萬立公尺，就是四十萬担啊！但這數目不足以使我們驚駭，因爲他並不很大，美國密西西比河的最大流量，每秒有十餘萬立方公尺哩！

世界各河道之流量比較

| | | | |
|---|---|---|---|
| 一 | 黃河 | 在河南省陝縣的流量爲每秒 | 二〇，〇〇〇立公尺 |
| 二 | 加路納河（Garonne） | 在都魯士地方的流量爲每秒 | 二一，七〇〇立公尺 |
| 三 | 來茵河（德國） | 在美里地方的流量爲每秒 | 三六，七〇〇立公尺 |
| 四 | 尼羅河（埃及） | 在開羅地方的流量爲每秒 | 四三，五〇〇立公尺 |

| | | | |
|---|---|---|---|
| 五 | 烏赫河（Ohio）（美） | 在克內灣河口下游的流量爲每秒 | 四四，八〇〇立公尺 |
| 六 | 路納河（Rhone）（法） | 在除降河口下游的流量爲每秒 | 五〇，一〇〇立公尺 |
| 七 | 印度河（Indus） | 在除降河口下游的流量爲每秒 | 八一，八〇〇立公尺 |
| 八 | 米梭里河（Missorri）（美） | 最大流量爲每秒 | 九二，〇〇〇立公尺 |
| 九 | 服爾加河（Volga）（俄） | 最大流量爲每秒 | 一四六，〇〇〇立公尺 |
| 十 | 密西西比河（美） | 在新烏雷翁的流量爲每秒 | 一七八，〇〇〇立公尺 |

上表之流量以密西西比河爲最大，每秒有十七萬八千餘立方公尺之多，次之爲俄國服爾加河，每秒有十四萬餘立方公尺之多，再次爲美國之米梭里，黃河至少排到最後。

（二十四）最小流量及流量比率

欲知一條河之河性屬平穩或湍急，只要看其大小二流量之比率就能明瞭，黃河在陝縣之最大流量每秒有二萬立公尺，最小流量爲百十五立公尺，已如上述，而洛口在民國十八年十二月之最小流量記錄，每秒僅有七十四立公尺，大小之不對稱，宛如大頭鬼配小人身，陝縣黃河大小流量之比率為一比百三十八，洛口為一比百十九，由此可見得洛口比陝縣平穩些。

黃河之大小流量比率
與世界各大河之比較

| 河名 | 實測地點 | 最大流量 | 最小流量<br>每秒立公尺 | 大小二流量比率 |
|---|---|---|---|---|
| 黃河 | 陝縣 | 見上表 | 138 | 1:138 |
| | 洛口 | | 74 | 1:119,8 |
| 服爾加河 (Volga)（俄） | 三角洲上端 | | 113,000 | 1:12,6 |
| 來因河 (Rhine)（德） | 美里 (Emmerich) | | 26,800 | 1:13 |
| 密西西比河 (Missisipi)（美） | 新烏雷翁 (New Orleons) | | 65,000 | 1:26,8 |

| 河名 | 地點 | 流量 | 比例 |
|---|---|---|---|
| 印度河 (Indus)(印度) | [illegible] (St, paul) | 1,500 | 1：23.4 |
| 路納河 (Rhone)(法) | 除降河口之下游 (Durance) | 18,000 | 1：44.4 |
| 尼羅河 (Nile)(埃及) | 開羅 (Cairo) | 13,000 | 1：46 |
| 賽納河 (Seine)(法) | 巴黎 (paris) | 8,830 | 1：48.5 |
| 茄路納河 (Garonne)(法) | 都魯士 (Toulouse) | 1,700 | 1：51.8 |
| 烏赫河 (Ohi)(美) | 克納灣河口之下游 (Kanakwa) | 1,370 | 1：16.7 |
| | | 15,000 | 1：60 |

上列十條大河之中，其大小流量之比例在一百以上者，僅爲黃河與茄路納河。水大時卽浪頭數丈，奔騰澎湃，冲毁二岸，水小時卽涓滴細流，不絕如縷，航行停頓。這種現像，十足表現黃河之湍急性。

（二十五）平常流量

平常流量爲吾人所亟欲知者，牠佔據着一年內之大部分時間，與航行有密切之關係，又如小水河槽寬窄之設計與拓利（Gabarie）之規定，俱依此流量的多寡爲轉移。

黃河自十一月初起至次歲六月底止，約有八個月爲常水時期，其餘之七、八、九、十，四個月爲漲水時期，國民政府，因其有泛濫之危險，即定爲防汛時期，常水期之流量甚少，有的人就誤爲低水期。

常水期內陝縣黃河各級流量發現之次數及其平常流量

| 年 | 月 | 平常流量 每秒立公尺 | 100至200 | 200至300 | 300至400 | 400至500 | 500以上 | 實測次數共計 |
|---|---|---|---|---|---|---|---|---|
| 八 | 十一月至十二月 | 實 | 0 | 2 | 4 | 0 | 0 | 6 |
| 九 | 三月至五月 | | 0 | 0 | 0 | 1 | 13 | 14 |
| | 三月至六月半 | | 0 | 2 | 3 | 1 | 4 | 10 |
| 十 | 十一月至十二月 | 測 | 0 | 0 | 0 | 1 | 22 | 23 |
| 十七 | 一月至五月 | | 5 | 4 | 2 | 5 | 1 | 17 |
| 十八 | 一月至五月 | | 0 | 4 | 8 | 17 | 8 | 37 |
| 二十 | 十月至十二月 | 次 | 3 | 6 | 2 | 1 | 1 | 7 |
| 廿一 | 三月至七月半 | | 0 | 31 | 4 | 1 | 0 | 36 |
| | 十月至十二月 | | 7 | 1 | 4 | 7 | 0 | 19 |
| 廿二 | 一月至五月半 | 數 | 2 | 16 | 9 | 1 | 0 | 28 |
| | 共計 | | 17 | 61 | 36 | 35 | 49 | 198 |

共132次

上列測量結果，示明一百九十八次實測之中，有一百三十二次之流量在二百與五百立方公尺之間，說緊攏點，每秒二百五十至四百五十立方公尺，實爲陝縣黄河之平常流量。

常水期内 （十二月至次年六月）

**洛口黄河各級流量發現次數**

**及其平常流量**

| 年 | 月 | 平常流量 每秒立公尺 | 100 至200 | 200 至300 | 300 至400 | 400 至500 | 500 至600 | 600 至700 | 700 以上 | 實測次數 |
|---|---|---|---|---|---|---|---|---|---|---|
| 八 | 四月至六月半 | 測 | 0 | 4 | 4 | 3 | 1 | 0 | 0 | 12 |
| | 十一月至十二月 | | 0 | 0 | 2 | 1 | 0 | 0 | 6 | 9 |
| 九 | 三月至五月半 | 量 | 0 | 0 | 1 | 2 | 1 | 2 | 11 | 21 |
| | 十二月 | | 0 | 0 | 1 | 0 | 0 | 0 | 3 | 4 |
| 十 | 三月至六月半 | 次 | 0 | 0 | 0 | 5 | 7 | 3 | 10 | 25 |
| 十八 | 十二月 | | 1 | 0 | 2 | 2 | 0 | 0 | 0 | 5 |
| 共 | 計 | 數 | 1 | 4 | 10 | 13 | 9 | 5 | 30 | 72 |

共72次

上列之七十二次測量結果內，流量每秒在七百立方公尺以外者有三十次，以外二字範圍很大啦！直至千五百立方公尺爲止·（照實測記錄）漲落差數既大，自不能算作平常流量。

故洛口黃河平常流量，實可說是每秒二百至六百立方公尺，說緊攏一點卽爲每秒三百五十至五百五十立方公尺。

陝縣較近上游，其平常流量，比洛口少一百立方公尺。

附：黃河之流速

（二十六）最大流速

河水漲時卽浪頭高湧，一瀉千里，其冲刷力甚大，逆之者毀，順之者隨流而去，何種之建築物，始能抵抗此推毀力？欲回答這個問題，須先知其流速。

我舉出一個例，使不懂水利工程的人，也可以明瞭黃河大水兇暴的狀況，法國的路納河，歐人目之爲惟一『湍急性』之河流，其實牠的流速每秒不過二公尺半，而黃河的流速記錄，竟達到每秒四公尺六，弍倍于路納河，自然河岸沖塌，房舍推毀了！其歷年最大流速記載如下：

河南省陝縣黃河最大流速記錄（每秒公尺）

| 年 | 3 | 9 | 10 | 18 | 21 | 22 |
|---|---|---|---|---|---|---|
| 月 | 8 | 10 | 7 | 3 | 8 | 8 |
| 日 | 5 | 5 | 12 | 26 | 10 | 8 |
| 流速 | 2.14 | 2.30 | 2.67 | 3.62 | 4.56 | 3.82 |

上表之黃河水流速度，每秒達到四公尺五六，這個數值，實在驚人！

山東洛口黃河之最大流速記錄

| 年 | 8 | 9 | 10 | 18 |
|---|---|---|---|---|
| 月 | 7 | 10 | 7 | 8 |
| 日 | 18 | 8 | 17 | 10 |
| 流速 | 2.23 | 2.6 | 2.72 | 2.63 |

洛口黃河流速俾有上列數年之測量，其最大數爲二公尺七二・民國二十二年

大水之流速，一定還要快，惜無記載，惟或許不到陝縣之四公尺半之數，因地近海口，水流應較平緩也。

由此可知黄河平常漲水之流速，約爲三公尺，特別大水時，卽達四公尺以上。

（二十七）平常流速

河水之平常流速，亦急湍萬狀，有碍于航行乎？不見得，陝縣于民國八年至二十二年，在常水期（十一月至次歲六月）內二百三十六次測量之中：

流量每秒　在一公尺五至一公尺六之間者發現　六次
一公尺六至一公尺七之間者發現卅六次
一公尺七至一公尺八之間者發現卅五次
一公尺八至一公尺九之間者發現四十次
一公尺九至二公尺　之間者發現廿九次
一公尺　至二公尺一之間者發現廿三次
其餘各次均雜亂無定

根據上述測量記錄，陝縣黃河之平常流速，爲每秒一公尺六至一公尺九寸，因在此範圍內之流速發現最多，在一百七十九次測量之中，竟有一百五十次，達全數百分之八十四。

洛口黃河於民國八，九，十，十八年（計有四年），在常水位內九十三次測量之中。

流速每秒　在　七公寸至一公尺　之間者發現廿七次
一公尺　至一公尺一之間者發現六次
一公尺一至一公尺二之間者發現十五次
一公尺二至一公尺三之間者發現九次
一公尺三至一公尺四之間者發現十次
一公尺四至一公尺五之間者發現四次
一公尺五至一公尺六之間者發現七次
一公尺六至一公尺七之間者發現二次
一公尺七至一公尺八之間者發現二次

觀上記錄，卽可知洛口黃河平常流量，爲每秒七公寸至一公尺三寸，在此範圍內之記錄，達全數百分之六十五。

# 第五章

## 泥沙

二八，沙量

二九，最大含沙量—每秒二萬立方公尺

三十，入海泥沙—每年約爲二百五十兆立方公尺

三一，黃河口岸之進展—年半進展一里

三二，泥沙與流速之關係

三三，泥沙之通性

甲，泥沙之物理性質

（一）黃土顆粒大小之檢定

（二）空隙量及比重

（三）沙土內之水分

乙，化學性質

三四，黃河與全球各大河之泥沙比較

三五，黃土之成因

未到過黃河的人，當能推想河水一定是混濁而色黃，對啊，這不是清水，是泥水，是泥漿，眞濁得利害！二十三年夏我到北方服務，滿擬在河內練習游泳，途中購買新游泳衣及其他入水應用物件。及到了河邊，始知當地人都因水劣無跳河洗澡之習慣·河水混濁若斯，使我心冷半個！

難道全條黃河都是混濁麼？不，近河源三千餘里之水是清的，流過河套時含沙尚不甚多。及入山西，二岸多土山，隨流刷下，沙量漸增，水色愈黄。附近支流如汾水，渭水，俱含泥甚重；諸水在陝豫之交匯入以後，黄河河水便混濁得不可名狀！

中國北部冀豫等省爲黄土之沖積層，地面舖漫着黄土層，深約十餘丈，面積達十九萬平方里。土性疏鬆，以手指捏之，卽碎如麵粉，甚至在指旁一寸外之土亦隨之碎散。河流經其上，焉得不刷岸淘底，一任所欲，攪得濁上加濁！

黄河含沙量，昔人早已測量過了，古書所載：『河水一石含沙六斗』，便是他們測量的結果，與近年用歐美方法測出的相參照，便知這個結果有相當的精確，可見中國人的智慧，并不讓外國人。六斗沙大約是濕的，如折合燥沙，卽和近十餘年在陝縣測出之最大沙量紀錄，實相近似，可惜古人僅錄一個最大含沙量數值，並沒有其他詳細記載，否則，與下列之含沙量表相較，實可使人增加探索興趣。茲摘錄近十餘年治河各機關含沙測量記載如下：

（二十八）沙量

## 黃河陝縣水文站含沙量實測記錄

| 年 | | 9 | | | | | | | 10 | | | | |
|---|---|---|---|---|---|---|---|---|---|---|---|---|---|
| 月 | | 6 | 7 | 8 | 9 | 10 | 11 | 12 | 3 | 4 | 5 | 6 | 7 |
| 水樣數 | | 4 | 6 | 7 | 8 | 9 | 6 | 5 | 7 | 7 | 7 | 10 | 20 |
| 含沙量（與水重量百分比） | 最大 | 2.49 | 3.73 | 7.08 | 5.63 | 5.28 | 1.62 | 1.05 | 1.22 | 2.01 | 1.52 | 4.15 | 10.70 |
| | 最小 | 1.66 | 1.06 | 2.38 | 1.55 | 1.58 | 1.07 | 1.07 | 1.01 | 0.91 | 0.66 | 0.82 | 1.58 |
| | 平均 | 1.99 | 2.39 | 4.36 | 3.17 | 2.83 | 1.39 | 0.75 | 1.13 | 1.18 | 1.08 | 2.08 | 3.50 |

| 年 | | 10 | 17 | 18 | | | | | | | | 20 | |
|---|---|---|---|---|---|---|---|---|---|---|---|---|---|
| 月 | | 8 | 12 | 1 | 2 | 3 | 4 | 5 | 8 | 9 | 10 | 9 | 10 |
| 水樣數 | | 9 | 6 | 3 | 5 | 16 | 15 | 6 | 8 | 12 | 7 | 1 | 2 |
| 含沙量（與水重量百分比） | 最大 | 17.03 | 0.84 | 0.55 | 0.89 | 2.49 | 1.21 | 0.69 | 22.62 | 6.96 | 2.54 | | 2.40 |
| | 最小 | 4.48 | 0.15 | 0.15 | 0.30 | 0.55 | 0.75 | 0.50 | 3.09 | 2.27 | 1.96 | | 2.10 |
| | 平均 | 11.34 | 0.36 | 0.38 | 0.54 | 1.21 | 0.89 | 0.64 | 7.30 | 2.92 | 2.20 | 4.00 | 2.25 |

| 年 | | 20 | | 21 | | | | | | | | | |
|---|---|---|---|---|---|---|---|---|---|---|---|---|---|
| 月 | | 11 | 12 | 3 | 4 | 5 | 6 | 7 | 8 | 9 | 10 | 11 | 12 |
| 水樣數 | | 8 | 4 | 8 | 8 | 8 | 8 | 8 | 11 | 8 | 8 | 8 | 8 |
| 含沙量（百分重與水比） | 最大 | 2.02 | 1.60 | 1.35 | 1.6[illegible] | 1.76 | 2.12 | 12.45 | 29.16 | 5.14 | 3.59 | 1.88 | 0.92 |
| | 最小 | 1.60 | 0.30 | 0.63 | 0.75 | 0.68 | 0.58 | 0.97 | 3.40 | 1.89 | 1.12 | 1.18 | 0.43 |
| | 平均 | 1.86 | 0.59 | 1.01 | 0.99 | 1.07 | 1.17 | 5.56 | 11.96 | 3.47 | 2.11 | 1.41 | 0.67 |

| 年 | | 22 | | | | | | | | | | 23 | |
|---|---|---|---|---|---|---|---|---|---|---|---|---|---|
| 月 | | 1 | 2 | 3 | 4 | 5 | 6 | 7 | 8 | 11 | 12 | 1 | 2 |
| 水樣數 | | 2 | | 6 | 8 | 8 | 8 | 9 | 9 | 8 | 8 | 8 | 2 |
| 含沙量（百分重與水比） | 最大 | 0.56 | | 1.48 | 1.21 | 1.89 | 14.97 | 11.12 | 39.16 | 0.74 | 0.76 | 0.35 | 0.56 |
| | 最小 | 0.42 | | 0.86 | 0.69 | 0.62 | 1.10 | 3.82 | 3.43 | | 0.37 | 0.30 | 0.29 |
| | 平均 | 0.49 | | 1.16 | 0.60 | 0.87 | 6.14 | 8.23 | 11.50 | | | | |

黃河河性之觀察　　九九

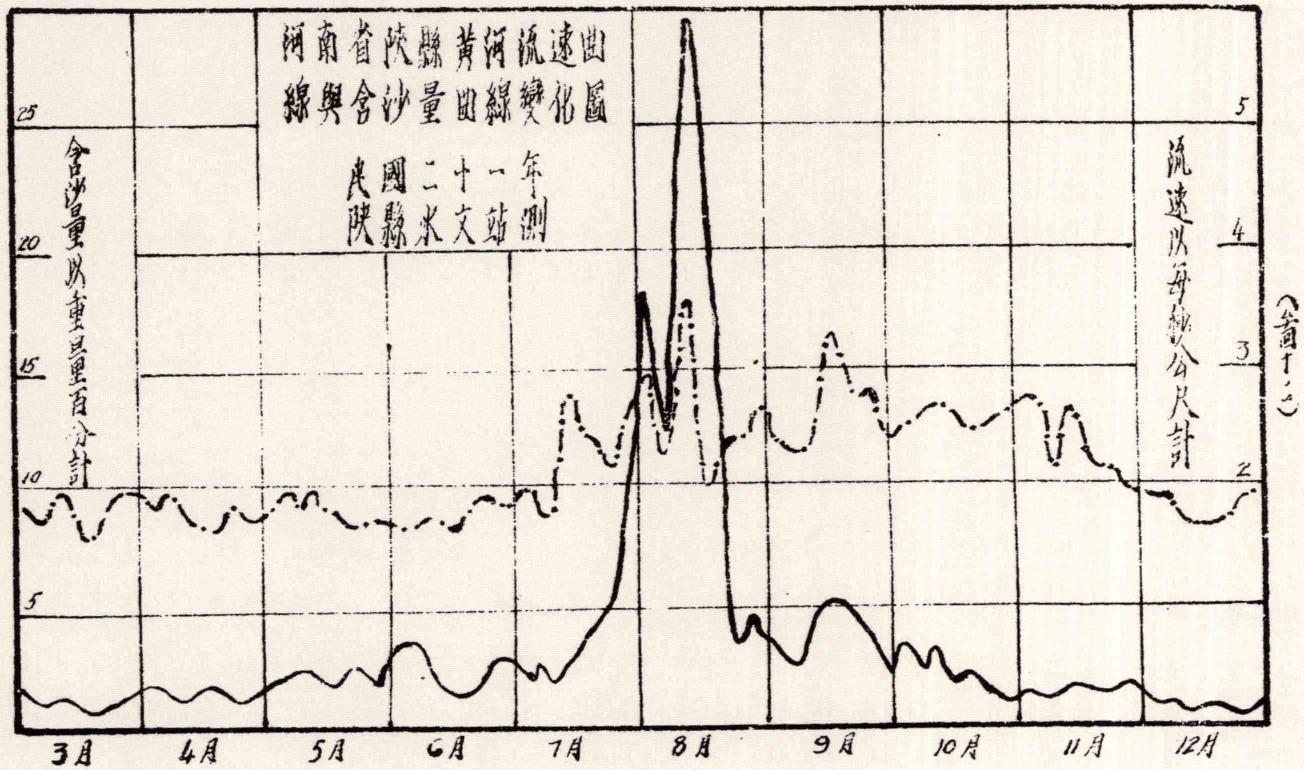
河南省陝縣黃河流速曲線與含沙量曲線變化圖
民國二十一年陝縣水文站測
含沙量以重量百分計
流速以每秒公尺計
25
20
15
10
5
5
4
3
2
3月
4月
5月
6月
7月
8月
9月
10月
11月
12月

## 黃河洛口水文站含沙量實測記錄

| 年 | | 8 | | | | | | | | | 9 | | |
|---|---|---|---|---|---|---|---|---|---|---|---|---|---|
| 月 | | 4 | 5 | 6 | 7 | 8 | 9 | 10 | 11 | 12 | 3 | 4 | 5 |
| 水様數 | | 5 | 5 | 1 | 4 | 4 | 3 | 5 | 6 | 3 | 6 | 7 | 7 |
| 含沙量（百分與水比重） | 最大 | 0.45 | 0.42 | 0.40 | 0.73 | 3.94 | 1.38 | 0.61 | 0.59 | 0.39 | 0.84 | 0.94 | 2.22 |
| | 最小 | 0.35 | 0.21 | 0.40 | 0.43 | 2.96 | 0.89 | 0.48 | 0.45 | 0.30 | 0.34 | 0.44 | 0.64 |
| | 平均 | 0.36 | 0.29 | 0.40 | 0.59 | 3.50 | 3.50 | 0.57 | 0.50 | 0.24 | 0.55 | 0.62 | 0.92 |

| 年 | | 9 | | | | | | | 10 | | | | |
|---|---|---|---|---|---|---|---|---|---|---|---|---|---|
| 月 | | 6 | 7 | 8 | 9 | 10 | 11 | 12 | 3 | 4 | 5 | 6 | 7 |
| 水様數 | | 7 | 7 | 7 | 6 | 7 | 6 | 4 | 6 | 5 | 7 | 7 | 7 |
| 含沙量（百分與水比重） | 最大 | 1.87 | 2.86 | 3.06 | 4.46 | 2.51 | 1.58 | 0.44 | 0.59 | 0.76 | 1.23 | 1.40 | 1.53 |
| | 最小 | 1.21 | 0.84 | 2.37 | 1.33 | 0.99 | 0.71 | 0.25 | 0.37 | 0.42 | 0.64 | 0.25 | 0.91 |
| | 平均 | 1.46 | 1.49 | 2.79 | 1.86 | 1.68 | 0.99 | 0.36 | 0.44 | 0.61 | 0.83 | 0.75 | 1.23 |

黃河河性之觀察　一〇一

| 年 | | 23 | | | | | |
|---|---|---|---|---|---|---|---|
| 月 | | 8 | 10 | 11 | 12 | 1 | 2 |
| 水樣數 | | 1 | 27 | 26 | 16 | 9 | 9 |
| 含沙量與水重（百分比） | 最大 | 1.55 | 3.62 | 2.16 | 0.65 | 0.25 | 2.05 |
| | 最小 | 1.55 | 1.15 | 0.15 | 0.05 | 0.07 | 0.06 |
| | 平均 | 1.55 | 2.28 | 1.27 | 0.31 | | |

（二十九）最大含沙量

上表黃河含沙量最多時爲民國二十二年八月九日陝縣之記錄，達水重百分之三十九點一，在開封與洛口旁的黃河泥沙，自然，亦在該年最多，惟惜無記載可尋，用 L eau Courent Continue，L Allvion Courent et Pe 的原理推算，即陝縣上游潼關段黃河當時之含沙量約爲百分之四十二，開封附近約爲百分之三十，洛口約爲百分之二十。按

河沙每立方英尺之重量約爲九十磅

河水每立方英尺之重量約爲六十二磅

是沙之重爲水重之一倍半（$1\frac{1}{2}$），仝重之沙與水，其體積之比爲二比三。

二十二年大水時流過潼關之洪水量爲二萬二千立公尺，每秒沙量爲 $22,000 \times \frac{42}{100 \times 3}\frac{2}{}$ 等於六千一百六十立公尺，潼關城面積約爲二十八方公里，積五小時之沙，就有二千二百一十八萬立公尺，可埋潼關一丈深。

流過開封的洪水量，每秒有二萬立公尺，卽沙量每秒爲 $20,000 \times \frac{30}{100} \times \frac{2}{3}$ 等於四千立公尺開封城面積爲四十八方公里，卽聚十小時之沙，就有一百四十四兆（百萬）立公尺，可埋開封城一丈深。

流過洛口的洪水量每秒有一萬一千立公尺，沙量爲 $11,000 \times \frac{20}{100} \times \frac{2}{3}$ 等於二千一百立公尺，濟南城約有六十平方公里，卽留積二十四小時之沙，就有一百九十三兆立公尺，可埋濟南城一丈深。

水流是繼續的，沙移是停站的。各段黃河之泥沙，多少不同，自入山西省境後其量大增，至陝西，河南，山西交界之處，有涇渭洛等支流來會，泥沙增加甚多，過此以下，直到海口，又逐漸減少。

（三十）入海泥沙

入海之沙究有多少？海口河灘之進展又如何？這我不能立卽回答・濱海至今沒有設立水文測站，此甚爲治河機關惜・翁文灝氏先假定一黃河之平均流量，再假定入海之沙爲陝縣平均含沙量之百分之三十五，算出每年入海之沙爲一百三十三兆立公尺。張含英氏先計算洛口之平均沙量，每秒爲水量百分之一・〇六。假定其百分之七十五入海，卽海口之沙量，平均每秒爲百分之〇・七九，全年爲二百五十五兆立公尺。翁張二氏之估計相差一倍有餘。這未免相差太大！比較起來，張氏之數近似一點。我今不再去假設一種根據而另估新數。一俟海口成立水文站後，再將確確實實數目，轉告于讀者。

（三十一）黃河口岸之進展

近海之處水流旣緩，而沙亦沈。灘地漲湧於海口，日久卽靠內地之一邊，漸變成陸地。而臨海一面，還是繼續向前進展。但其進展甚慢，不能一日二日，或一月二月內量得出來。兼之忽陷忽升，必經過若干年後，始成堅實之灘地。再長草木，住農民，成陸地。四千二百餘年之悠久歷史中，黃河大徙其海口十一次，在天津，隸縣，利津(山東)，阜甯(江蘇)，反覆四易其地，故河口灘岸之進展甚難估計。翁文灝氏根據山東陸軍測量局地圖，發覺鐵門關地方在一八〇六年距海爲六十四里，一九一六年距海爲百零八里。平均約年半進展弧形海岸一里。

海岸之變化，影響於人類交通事業甚大。當羅馬時代，法蘭西之路納河由亞拉(Arles)城入海。亞拉卽爲內河外海航運之總紐，商業繁盛，甲於全歐。可是河口泥沙淤積，海岸逐漸前進。至今亞拉已遠離海口八九十里，法人不得不放棄該港，而經營馬賽，以作海埠。

(三十二)泥沙與流速之關係

河水流愈快，冲刷之力愈大，挾沙亦愈多。這是一般人所能推想出來的道理

，按

民國廿一年六月十五日，河南省陝縣段黃河之水，每秒可流五尺（一·七五公尺），含沙量爲水重百分之一。

七月十日流速爲每秒六尺，（二公尺）含沙量爲水重百分之二半。

七月十三日流速爲每秒八尺四（二·八公尺）含沙量爲水重百分之五。

八月二日流速爲每秒十一尺二（三·七五公尺）含沙量爲水重百分之十五。

由此可知水初漲時，流快半尺，沙可多一倍。

但水流由快速度減到緩流時，泥沙的變化就出於常人意料之外！

八月十二日，流速減到每秒七尺八；（二·六公尺）含沙量反多至百分之二二。

八月十七日流速回到每秒六尺（和七月十四日相同）含沙量只回到百分之十。

即水流減回到原速度，水中之沙仍比原有的多數倍，再過六七天，方減至原量，其遞減率比水流來得慢。

如果畫二條曲綫，表示他們的變化，曲綫高峯代表最大流速，或最多之泥沙，即此二個高峯，並不同時出現，陝縣段黃河之泥沙高峯，後於流速峰八九天。這是什麼緣故呢？實因黃河之沙太細，下沈甚需時日。偶爾河水沖開堤防，水溢內地，經過一年半載，還是色黃，可見其沙之細，下沉之難。

（二十三）泥沙之通性

黃河泥沙之特性是一細，治河古書內，未見有泥沙之詳細記載，河工記略僅分淤土為老淤，新淤，嫩淤，稀淤四種。未免太簡單一點。茲將黃河沙土物理與化學二種性質討論之。

甲、泥沙之物理性質

（一）黃土顆粒大小之檢定

通常分土質為礫石，粗沙，細沙，粘土，沈泥，五種。各國分類微有不同，茲錄于後，以資比較。

黃河沿岸黃土居多，其顆粒甚小。山東河務局曾將近洛口處之黃河黃土，寄

日本鉄道部土質調查委員會土質分類表

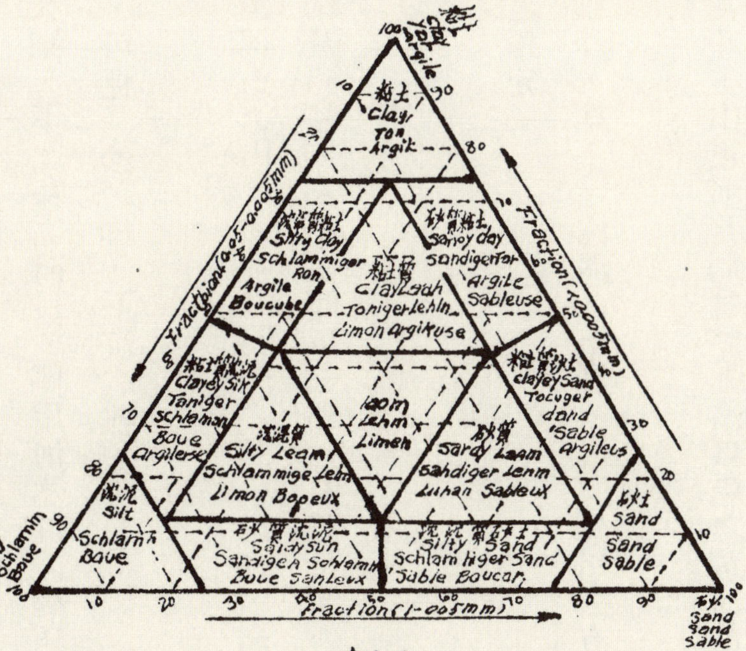


（圖十三）

一〇八

(圖十四)

世界各學術團體土質按粒大小分類表

粒徑(mm): 20 10 5 3 2 1 0.5 0.25 0.2 0.1 0.05 0.02 0.01 0.005 0.002 0.0015 0.001

| 學會及著者 | | | | | | | | | | |
|---|---|---|---|---|---|---|---|---|---|---|
| 土質調查委員會(日本) Geotechnical Committee Government Railway of Japan | 礫 Gravel(英) Kies(獨) Gravier(法) | 細礫 Fine Gravel Fein Kies Gravier fin | 粗粒砂 Coarse Sand Grob Sand Sable gras | 中粒砂 Medium Sand Mittal gard Sable mediocre | 細粒砂 Fine Sand Fein Sand Sable fin | 微粒砂 Very fine Sand Sähr feiner Sand Sable hesfin | 泥泥 Silt Schlamm Boue | 粘土 clay Ton Argile | 膠質物 colloid Kolloid Colloide | |
| (日本)農學會 | 礫及角礫 Gravel and Debris | 細土 Fine soil: 砂 sand — 粗砂 Coarse Sand | 細砂 Find Sand | 微砂 silt | 粘土 clay | | | | | |
| International | Kies | Grobsand | Feinsand | Schluff | Rohton and Kolloid | | | | | |
| Mitterberg | Kies | Grobsand | Feinsand (Mo) | Schluff | Schlamm od. Ton | | | | | |
| Die preussische Geologische Landesanstalt | Grand | Sand | Staub | Feinste Teile | | | | | | |
| Bureau of chem and soil U. S. A. | | Fine Gravel | coarse sand | sand | Fine Sand | Very Fine sand | Silt | Clay | | |
| Der Verband der landwirtschaftlichen Versuchsstationen im Deutsche Reich | Stein (Grus, Kies) | Grand (Grus) | Sehr grober Sand | Grober Sand | Mittenkorniger Sand | Feiner Sand | Abschlammbare Teile | | | |
| Williams | | Kies | Sand: Grobsand | Mittelsand | Feiner sand | Staub: Groberstaub | Mittelerer Staub | Feinerstaub | Schlamm | |
| Basuall and Holmes | Pebble | Gravel | Very Coarse Sand | Coarsesand | Mediumsand | Fine sand | Coarse silt | silt | clay | |

黃河河性之觀察　一〇九

往哈腦水工試驗所，其檢定顆粒之大小如下。

黄河黄土顆粒大小檢定表（哈腦試驗所）

| 直徑（公厘） | 佔重量百分數 | 依國際分類應列 | 依美國分類應列 | 依日本分類應列 |
|---|---|---|---|---|
| 等或小于0.01 | 43.6% | | 沈 | 沈 |
| 自0.01至0.20 | 27.2% | 細沙 | 泥 | 泥 |
| 自0.02至0.06 | 26.2% | | 細沙 | 沙 |
| 自0.06至0.2 | 2.4% | 粗沙 | | |
| 大于 0.2 | 0.6% | | 沙 | |

該試驗所曾代華北水利委員會，試驗永定河黄土，其檢定如下。

永定河流域黄土顆粒大小檢定表（哈腦試驗所）

| 直徑（公厘） | 佔重量百分數 | 依國際分類應列 | 依美國土質調查所應列 | 依日本土質調查委員會應列 |
|---|---|---|---|---|
| 等或小于0.01 | 14.4% | | 沈 | 沈 |
| 自0.01至0.02 | 6.9% | 細沙 | 泥 | 泥 |
| 自0.02至0.06 | 48.8% | | 細沙 | 沙 |
| 自0.06至0.20 | 33.0% | 粗沙 | | |
| 大于 0.20 | 0.6% | | 沙 | |

參閱上錄二表，即知黃土全係沙質，不含粘土之成分，粘土顆粒之直徑，恆小于0.01公厘。故黃土直可謂之黃沙。

因黃土之大部份爲細沙，浮游于水中時，沈澱率甚慢，圍繞于沙粒外層之水，以沙粒爲核心，阻止其降落。而份子之凝聚亦影響于降落率，以八十倍之顯微鏡，觀察沈澱之泥沙，即見細粒有透明之稜角，如灰色之結晶體，微含雲母質。

(二)沙土之空隙量及比重

一堆泥土的中間總有許多孔隙，無論堆置如何堅實，還是留着許多空氣或水份于無數的細隙中。孔隙的大小與形狀，和土質顆粒一樣的不規則，普通人看到粗沙堆內之一孔，比細沙堆內之一孔大，以爲一堆粗沙內的孔隙多。其實一堆細土內的孔隙量更多。土中含有機物體愈多，土粒形狀愈不規則，即空隙量亦愈大。有機體受細菌之作用，變爲膠性的微小物體，若干微小的有機與無機物體結合起來，成爲土粒。

懋雪(MCsier)和葛退遜(Gustafsno)二先生試驗出各種土質之空隙量如下。

## 各種土質之空隙量

| 土質 | 含有機物體之百分數 | 空隙量（百分數）鬆土 | 實土 |
|---|---|---|---|
| 沙 | 0.75 | 44.6 | 39.7 |
| 中號沙土 | 2.9) | 53.7 | 43.3 |
| 細沙土 | 0.8) | £9 0 | 49.9 |
| 沈泥 | 0.76　4.88 | 59.7 | 5).2—50.4 |
| 黑沃土 | 3.5) | 61.2 | 52.7 |
| 灰黏土 | 3.6) | 68.2 | 58.2 |
| 汚土 | 64.48 | 65.6 | 60.8 |

空隙太多，沙內含多量的空氣，水易滲入，亦易蒸發。

斐禮門氏曾試驗五種黃河泥沙，法先將樣土烘乾，再施以壓力，此有空隙之泥沙，每立方尺約重八十八磅，卽其比重爲二·四八，應佔體積爲 88與2與62,4

—57％，空隙體積為 100％—57％＝43％。

黃河下游無粗沙亦無細沙，所有泥沙，適可歸入懋葛二氏空隙量分類表內之中號沙土。

（三）沙土內之水分

泥土內所含水分，有附着於泥土顆粒周圍而不移動之水，（Hygroscopic moisture）毛細管移動作用之水（Capillary water），受重力作用之水（Gravitational water），三種。附着土粒周圍之水，水層甚薄，約為 0.001 公厘，置極乾燥之土粒於空氣之中，其外表即凝結此一層水。水層既薄，黏着甚固，不能由一沙粒上流至他沙粒上，雖植物不能吸收利用。

在上述稀薄之水層外，再加以少量之水，卽起微細管移動作用。水能延顆粒上升，下降或橫移于他沙，植物之根能吸取之，以資營業。

泥土內如有過飽含之水，可開小溝于土中，水受重力作用，向低處流匯于溝內以排去之，是爲受重力作用之水。

黃河沙土內所含各種水分，尚無精確試驗，僅斐利門氏測得其乾壓實之沙土重量，每立方英尺爲八十八磅，如以水填滿其空隙，即爲百卅磅，所含水分爲泥土重47%。茲將葛退遜與慈寧二氏測驗之泥土各種水分，與黃河沙土所含水分，比較如下：

各種沙土內所含水分表（百分數以重量計）

| 泥土種類 | 孔隙量 | 含毛細管移動作用水分之最大量% | 含受重力作用水分之最大量% | 土之所含總水分之最大量% |
|---|---|---|---|---|
| Dut Scnd | 52 | 10.7 | 29.8 | 40.5 |
| 粗沙 | 51 | 10.6 | 28.9 | 39.5 |
| 細沙土 | 50 | 18.0 | 18.0 | 38.0 |
| 淤土 | 50 | 20.9 | 20.8 | 38.0 |
| 黏土 | 59 | 30.4 | 30.4 | 54.5 |
| 污土 | 80 | 250.0 | 250.0 | 333.0 |
| 黃河沙土 | | | | |

## 乙，化學性質

沿河沙土，大部由上游之沙土層沖刷堆積而成，含礬甚多。加以相當之水，卽如糊漿，極合作模作瓶之用。惜當地多鹹，易被剝蝕，瓶不能耐久。一九三三年十二月，余視察黃河，路經永固寨，見老城峙立，周圍不到十里，而古氣杳然，城垣碉樓已零落無狀，惟一詢斯城之歷史，則實築於一八五五年，離今僅有七十餘載。城之創建人，尙健碩生存，現仍爲該寨寨主。

開封房屋，多係單層，旅行家可看見到處墻壁，離地一公尺餘之處，層層脫落。到開封找屋居住，每見門垣敗壞，心中不快，如果看見稍有錢的家庭，補換瓶石，卽上下一新，使人羨慕。

沿河沉澱之沙土，經斐利門氏試驗其成份如下：

## 黃河沙土之化學分析

| 礦石名稱 | 洪水期成份 | 低水期成份 |
|---|---|---|
| 石英 $SiO_2$ | 51.27% | 284.69% |
| 養化鐵 $Ee_2O_3$ | 4.80 | 3.55 |
| 養化鋁 $Al_2O_3$ | 13.67 | 2.44 |
| 養化錳 $MuO$ | 0.10 | 0.09 |
| 養化鈣 $CaO$ | 10.60 | 28.55 |
| 養化鎂 $MnO$ | 3.62 | 2.12 |
| 硫酸 $S)_3$ | 微少 | 微少 |
| 有機物或蒸發物 | 2.14 | 2.96 |
| 養化鐟 $TiO$ | 0.53 | 0.44 |
| 養化炭 $CO_2$ | 11.87 | 7.45 |
| 水 | 10.40 | 0.4. |

上表百分數值之特異點，是二養化炭之值甚大，分折其他各河之沙泥，所含二養化炭均甚微少。

（三十四）黃河與全球大河之沙泥比較

如此說來，黃河之水患全是泥沙作怪，但世界上河道何止千萬條，條條有泥沙，爲什麼不作怪呢？一樣的爲害！可是牠們的沙，沒有黃河這樣多，害處亦較小。

## 尼羅河

北非洲埃及國的尼羅河，爲世界有名大河之一，河水含沙亦多。全河貫流于非洲之東北部，自上游河源至素拔，（Sobat）之一段，稱白尼羅河。所經之地，人烟荒蕪。過素拔始流入埃及國境，乃改稱藍尼羅河。二岸土地肥沃。至亞拔拉（Atbara），分爲地米坦（Damfotta）及羅斯坦（Rosctta）二支。北流二百四十公里入海。水大時上游可通航者，約一五五〇公里，中游之一千公里，因泥水含有豐富之肥料，二岸土地肥沃，農業發達，下游之二四〇公里，河水分支，航行不若中游之便。計全河長二七六〇公里，沿岸民族利其天惠之優厚，造成四千年前之古代文明，和現在首屈一指之灌溉事業。

依據力斯皮(Dr, Ltheby)博士之記載，尼羅河在八月間大水時，含沙爲水重之$\frac{1}{666}$，威廉士記載（S: William Willcocks）即謂沙爲水之體積之$\frac{1}{660}$。

很多人都引用上述的一個數值，可是這種記載是精確嗎？不見得！杜孫氏(E, M. Dowson)對於尼羅河含沙之試驗，有詳細的報告，彼于一九〇五、一九〇六年之六，七，八，九月間，在尼羅河上游，離哈爾反（Halfa）五十公里之薩拉(Sorros)地方，於水面下一公尺之八個等距離點內，取了八瓶水樣，混合而試驗之，得相當之結果，但一九〇六年的試驗更比較精細可靠。特錄之如下。

### 尼羅河一九〇六年之沙量實測

| 八月 日 | 燥沙與水重之比 | 九月 日 | 燥沙與水重之比 |
|---|---|---|---|
| 2 | $\frac{1}{1019}$ | 3 | $\frac{1}{546}$ |
| 4 | $\frac{1}{1064}$ | 5 | $\frac{1}{468}$ |

| | | | |
|---|---|---|---|
| 6 | $\frac{1}{8[illegible]4}$ | 7 | $\frac{1}{580}$ |
| 7 | $\frac{1}{646}$ | 9 | $\frac{1}{522}$ |
| 9 | $\frac{1}{487}$ | 11 | $\frac{1}{677}$ |
| 12 | $\frac{1}{3[illegible]7}$ | 13 | $\frac{1}{555}$ |
| 12 | $\frac{1}{32[illegible]}$ | 15 | $\frac{1}{643}$ |
| 15 | $\frac{1}{413}$ | 17 | $\frac{1}{712}$ |
| 17 | $\frac{1}{314}$ | 19 | $\frac{1}{686}$ |
| 21 | $\frac{1}{394}$ | 21 | $\frac{1}{841}$ |
| 23 | $\frac{1}{363}$ | 23 | $\frac{1}{746}$ |

| | | | |
|---|---|---|---|
| 25 | $\frac{1}{519}$ | 25 | $\frac{1}{661}$ |
| 27 | $\frac{1}{467}$ | 27 | $\frac{1}{893}$ |
| 29 | $\frac{1}{646}$ | 29 | $\frac{1}{889}$ |

休氏(Mr. trankHu?hc.)謂河水流過窄狹之河床時，卽近水面之水含沙少，而近底之水含沙多。此不獨尼羅河爲然，其他各河的情形也是一樣，因河底之水既原挾有泥沙，而當地河窄再被沖刷，加載一部份沙土。

埃及灌溉事業，甚爲發達，惟各渠渠底泥沙高積，每年挑淤費巨大。幸賴彼邦人士之努力研究，現已得有良好效果。將來之期待，尤甚巨大。

埃及農業部，分尼羅河之沙爲三種，其能透過每英寸一百孔眼之篩者，爲第一種。二百孔眼之篩者爲第二種，留在一百孔眼之篩之上者爲第三種，卽係最粗之沙。下列之分析表，其試樣取自羅斯塔(Xaatts)壩之上游二百公尺之處。

## 尼羅河泥沙之物理分析(百萬分之一)

| 取水樣之深度 | 粗沙 | | 細沙 | | 沙土 | | 總數 | |
|---|---|---|---|---|---|---|---|---|
| 1 | 3 | | 32 | | 324 | | 377 | |
| 2 | 3 | 5.5 | 60 | 69.0 | 352 | 353 | 415 | 427 |
| 2 | 8 | | 78 | | 354 | | 440 | |
| 3 | 6 | | 113 | | 368 | | 487 | |
| 4 | 6 | 5.5 | 174 | 150.5 | 351 | 357 | 531 | 513 |
| 4 | 5 | | 127 | | 363 | | 495 | |
| 5 | 15 | | 160 | | 355 | | 530 | |
| 6 | 20 | 20.0 | 163 | 166.0 | 377 | 380 | 560 | 566 |
| 6 | 20 | | 169 | | 384 | | 673 | |
| 7 | 24 | | 237 | | 393 | | 654 | |
| 8 | 42 | | 266 | 233.0 | 394 | 390 | 702 | 667 |
| 8 | 47 | | 200 | | 386 | | 633 | |

埃及農業部長休氏(M. Huphes)歸納其結果如下：

1. 水漸深泥沙漸增多

2. 所加多者全爲粗沙

3. 近河底處泥沙之增加率，粗沙約爲千五百分之一，泥沙約爲五百分之一，泥土約爲十分之一。

密西西比河

北美洲之密西西比河爲世界上之大河，長凡一萬餘里，其水灾之頻繁，河道之難治，除中國之黄河外，要算牠了。可是該河含沙並不多，比黄河要少百四十倍。據休勃來和亞部（Messrs Humphreqs and Ahtot）二氏之試驗，沙多時可達到水之重量六八一分之一，其平均數即爲八千分之一，近河底處水中之含沙量，比近水面處多百分之六。水流不甚湍急，每秒約爲一·三公尺。

世界河道之含沙重者，除黄河外爲利梭波（Russupore）河，在印度彭加爾省（Bengal），其堤岸之高厚著名於世，茲試錄數個含沙量測驗之結果如下：

| 年 | 月 | 日 | 水位 | 燥沙與水重之比 |
|---|---|---|---|---|
| 一八八五 | 五 | 一二 | 116.11 | $\frac{1}{455}$ |
| 一八八五 | | | 116.85 | $\frac{1}{263}$ |
| 一八八五 | | | 117.23 | $\frac{1}{142}$ |
| 一八八五 | | | 118.53 | $\frac{1}{25}$ |
| 一八八五 | | | 117.46 | $\frac{1}{69}$ |
| 一八八五 | | | 117.33 | $\frac{1}{89}$ |

利棱波河之含沙量達到百分之四，惟該河潮汐影響甚大，滿潮時沙多，潮落時沙減，與吾國之錢塘江相似。

## 印度河

沿印度河之灌溉事業與尼羅河相結昂，惟河水之沙量即倍之。水利委員會發表測驗報告，謂沉澱物內含肥沃之泥甚富，其最大沙量之記錄如下：

### 印度河之含沙量

| 年 | 月 | 日 | 流速 | 含沙量（與水重之比） |
|---|---|---|---|---|
| 1602 | 8 | 19 | 6.40 | $\frac{1}{163}$ |
| 1903 | 9 | 16 | 8.10 | $\frac{1}{167}$ |
| 1904 | 7 | 15 | 8.40 | $\frac{1}{181}$ |
| 1105 | 10 | 20 | 8.30 | $\frac{1}{198}$ |

據原報告內述，一九〇三年六月十六日，在古利Kotri地方測得之最大含沙量爲水重之百三十分之一。

茲總括上述，列成一表，以資比較。

## 全球大河含沙量表

| 河名 | 取水樣處 | 日期 年 | 月 | 日 | 每立方公尺內所含沙量gra | 沙與水之比（重量） |
|---|---|---|---|---|---|---|
| 依力威地河 Irrawaddy | 獨內于 Donabyu | 1914 | 8 | | 1,343 | 1/743 |
| 密西西比河 Missippi | 試驗人爲 Messrs Humphers and Abbot | | | | 1,468 | 1/681 |
| 渠特氣惟河 Guadalguivi | 史卑 Spain | 1906 | | | 1,872 | 1/534 |
| 倍是力河 Bhagiratte | 近海口有潮水處 | 1893 | 8 | 12 | 2,211 | 1/452 |
| 泥羅河 Nile | 薩拉 Sarras | 1906 | | | 2,300 | 1/435 |
| 波河 Po | 試驗人郎巴地 M. Lambardini | | | | 3,333 | 1/300 |

黄河河性之觀察　一三五

| 河名 | 地點 | 年 | 月日 |  |  |
|---|---|---|---|---|---|
| 印度河 Indus | 舒究 Sukkur | 1903 | 7·16 | 6,133 | 1/163 |
| 恆河 Ganges | 歹華 Hurdwar |  |  | 8,130 | 1/123 |
| 來因河 Rhine | 試驗人哈素該 M. Hartsocker |  |  | 10,000 | 1/100 |
| 素河 Sone | 彭該 Bengal | 1896 |  | 9,174 | 1/109 |
| 基斯內河 Kistna | 丕利清脫力 palichintal | 1900 | 7 27 | 30,000 | 1/50 |
| 惟史力河 Vistula | 試驗人史比脫 M. Spittel |  |  | 20,833 | 1/48 |
| 路納河 Rhone | 試驗人哥斯與濕培 Messrs Gorsse and Subousr |  |  | 22,222 | 1/45 |
| 舒力河 Sutley | 奔闢 Punjab | 1894 | 7 7 | 29,411 | 1/34 |

| | | | | | |
|---|---|---|---|---|---|
| 利陝波河 Rnssi lpore | 近河口有海潮處 | 1395 | 5 15 | 40,000 | 25 1 |
| 黃河 | 陝縣 | 1928 | 8 | | 25 |

（三五）黃土之成因

黃河含沙多的緣故，是由於河道經流廣袤的黃土帶。黃土帶之分布在其上游蘭州以西有六萬平方公里，自蘭州以東至寧夏間有五萬五千平方公里。在其支流汾（山西省）渭，洛（以上陝西）及沁水流域有九萬七千平方公里，其另星散布者尚有一萬五千平方公里。合共十八萬八千平方公里。當流域面積百分之十九。

黃土色棕黃，細如麵粉，少膠性。其土塊以手指揑之即碎。多孔隙，吸水如海綿，雨降其上不生逕流。無結構，以足蹈之，郎土塊崩碎。因具此種種性質故易成泥漿，隨水流去。雖或遇堅實固結之黃土，壁立數仞，但大部份土之性質俱疏鬆，易爲雨水冲刷。

許多地質學家認黄土係風堆層，百納格先生言，中亞細亞及中國北部自進了平原時代。便與海洋隔絕。濕風爲東部之高山所障，不能由太平洋吹入。內部空氣乾燥，缺少雨澤，河流乾涸，岩石風化，分解成細碎。大風一起，沙土飛揚。經由中亞細亞向東吹送，風止沙落，地上蓋了一層層的沙土，埋着一部份植物。經過億萬年，山川河流，都被蓋平。到了魯士時代，地殼又有一次大變動，東部之山陷落，海風吹入內地，雨量增加，不毛之沙地漸有植物生長。經雨水侵蝕，地面復現出河流。卽成今日之黄河流域，只是河床疏鬆，一部份之土被水沖刷，隨流而去，淤積於下游。且黄河常常改道，下游之淤土愈積愈廣，遂成沿海之沖積層平原。

# 第六章

## 河床

甲・河槽縱剖面之變化

三十六　淤刷率，水退一尺，底淤二尺，水位增高，結果相反。

三十七　漲高率，河底年高二寸。

乙・河槽横剖面之變化

三十八　河槽横剖面之形式變化

三十九　河槽横剖面之面積變化

丙・河槽之平面變化

四十　河槽之平面變化|深水綫十四日橫移一里

## 丁・黃河之十五大徙

四十一　黃河十五大徙述略

四十二　黃河大徙週期率

河水來自高山，流急而沖刷力大，隨路所經，遇有山峽便擘開山石河槽；流過平地就刷成平地河槽・普通說來，山石河槽礁灘衆多，無利無害；平地河槽平坦深廣，有利亦有害・還有一種河道，雖水行于平地之上，但只有害處，沒有好處，單有水災，更無水利，這便是黃河下游的河槽了|該處地質純爲細沙與土，河灘上，米粒般大的沙子都找不到，更不必說石子・土質既如此疏鬆，更因黃河自中游以下，先流過綏遠沙土區域，再東又流過黃土帶，水中已飽含泥沙，及過了孟津，河水行于千萬年前之沖積層平原上，水緩沙沈，河淤底高，河道潰徙無定，碼頭無法建築，航運亦不能興盛，遂至只有水災之日，永無水利之時|我今

便來分析，這個特別的，罕有的，黃河河槽。

甲，河槽縱剖面的變化

（三十六）淤刷率

譬如沿着深水綫，像切西瓜一樣，一刀切黃河爲二開。刀過之處有一切面，叫做縱剖面。就其面視之，有一條長綫，就是代表河底。研究這條長綫的起伏，便能明瞭河底之升降。

普通河道，其河底之高低，水深時與水淺時一樣。黃河就不同，深卽低，淺卽高，隨流量之多寡而呈變化。華化水利委員會于民國十九年在陝縣測得。

水深七公尺半時，河底高出大沽海平面二八四・四公尺

水深五公尺半時，河底高出大沽海平面二八六・　公尺

水深二公尺半時，河底高出大沽海平面二八七・八公尺

卽水深減五公尺，河底淤高二・四公尺

洛口水文測站，河面較陝縣爲狹，該會在民國九年測得：

水深一二·五公尺時，河底高出大沽海平面一五·五公尺

水深　八　　公尺時，河底高出大沽海平面一七·五公尺

水深　六　　公尺時，河底高出大沽海平面一八·五公尺

卽水淺六·五公尺，河床淤高三公尺

運河工程局于民國八年，測得山東姜家溝在

水深一二　　公尺時，河底高出青島海平面上二九·三公尺

水深　七　　公尺時，河底高出青島海平面上三一·五公尺

水深　四　　公尺時，河底高出青島海平面上三三·八公尺

卽水之深度減八公尺，河底淤高四·四公尺

該局在仝年又測得山東魏家山黃河

水深一一·五公尺時，床底高出青島海平面上三一·五公尺

水深　七·二公尺時，床底高出青島海平面上三三·七公尺

水深 三 公尺時，床底高出青島海平面上三五·七公尺

由此可知，洪水過後，河底總是淤高，水來復刷去。淤高多少？刷去若干？這倒是一個有趣味之探索。如細閱上列記錄，其淤刷率卽顯然呈現于腦海。陝縣，魏家山，姜溝及洛口等，四處之測量獲仝一的結果：卽河水面降低二公尺，河底升高約一公尺，水面增高，結果即相反。

(三十七)澱高率

春去夏來，低水位時期過去，洪水又奔臨，河底泥沙，雖經澎湃之波濤掀動，而冲刷去一部。可是終不敵其洪水峰過後，水力減少時，所沉澱之多。故年年淤高，其加高値，非經過長時間不能測出。治河機關，歷史雖久，但至最近始注意到這一點。

民國十八年及二十三年，平漢鐵路局，曾在河南省鄭州大鐵橋東，施測河槽「，其結果如下：

鄭州平漢鐵路大橋東三千八百公尺處

黃河河槽五年間之淤高數（路局測）

| 離測點遠近（公里） | 河床高度（以大沽海平面上公尺計）十八年一月測 | 二十二年十一月測 | 二河床之高度差或淤高數（公尺） |
|---|---|---|---|
| 右 1.5 | 93.5 | 95.1 | 1.6 |
| 右 2.0 | 93.8 | 94.7 | 0.9 |
| 左 2.1 | 93.6 | 95.6 | 2.0 |
| 左 2.5 | 93.6 | 95.4 | 1.8 |
| 左 3.0 | 93.2 | 95.0 | 1.8 |
| 左 4.2 | 93.6 | 94.4 | 0.8 |
| 左 5.0 | 93.8 | 94.4 | 0.6 |

鄭州鐵橋附近二岸爲橋墩所束，水流甚急。橋墩下游，河水横播，流緩沙停，大河床愈積愈高。根據上表計算，五年內河床各點平均升高一·三公尺。每年

之淤積約爲〇・二七公尺。這數目未免太大，但小河床未有顯著之升高。

欲明瞭河底升高之一般率，須在無山石，無建築物之影響，能代表普通河床的地方測量之。山東荷澤縣雙合嶺，地點較鄭州爲優，沒有上述二種缺點。民國八年與二十二年，水利各機關在該處施測河槽，其橫剖面之高度差如下：

山東荷澤雙合嶺

黃河槽底十六年間之淤高數

| 測點離大堤遠近（公里） 北大堤 | 南大堤 | 河床高度（以大沽海平面上公尺計） 民國八年測 | 民國二十二年測 | 二河床之高度差或淤高數(公尺) |
|---|---|---|---|---|
| 1.0 | | 54.2 | 55.0 | 0.8 |
| 1.2 | | 54.5 | 55.6 | 1.1 |
| 1.7 | | 54.0 | 55.0 | 1.0 |
| 2.0 | | 34.4 | 53.0 | 0.9 |
| 2.7 | | 54.6 | 56.0 | 1.4 |

| [illegible] | 4.3 | 55.4 | 56.0 | 0.6 | 一三六 |
|---|---|---|---|---|---|
| | 1.5 | 55.2 | 56.4 | 1.4 | |
| | 1.8 | 55.0 | 55.8 | 2.8 | |
| | | | 平均 | 1.0 | |

上表最下排，示明十六年內河槽之平均升高數爲一公尺，合三尺，如以十六除之其結果爲每年河底淤高一寸八分，取其整數卽爲二寸。一年二寸，十年二尺，百年二丈。當咸豐年間，黄水奪大淸河時，河深原有三四丈，近年來山東人士又苦喊着「河底高仰」，距彼時不過八十年。

乙，黄河横剖面之變化

變化之通性

因淤而喪夫之面積

假設横欄河腰，切爲二段，刀過處有一截面，叫做横剖面，就此面視之，卽能見河槽之形式及其面積，現在就來討論這形式及面積的變化：

（三十八）剖面之形式變化

普通河槽的橫剖面，水大時與水小時形式相同。黃河河槽的剖面，水漲時有一個形狀，水落時又另換一個式子。有如下圖。

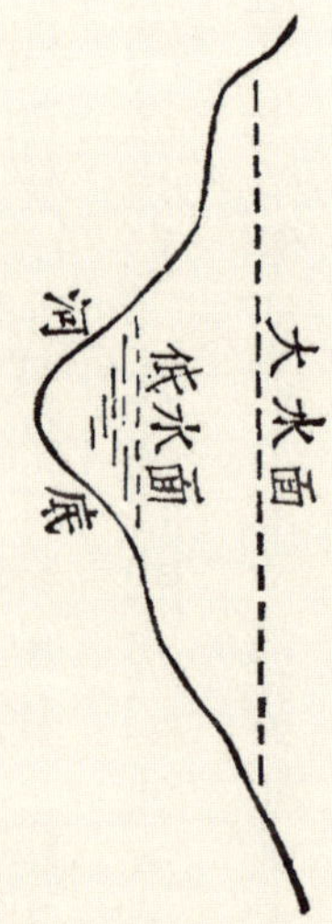


普通河道之河槽橫剖面
水漲水落時式樣相同

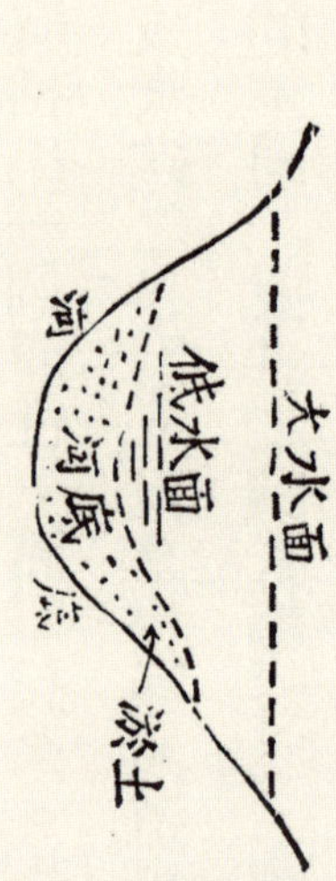


黃河下游（二岸夾山處）之河槽橫剖面
水漲水落二個樣子

運河工程局於民國八年五月六日，測得山東魏家山黃河河槽爲一長方形。七月九日水稍高，河底下陷成爲矮三角形。（圖存黃河水利委員會）

豫境平漢鐵橋以東，原野平曠，爲觀察黃河槽變化最適宜的地方，亦即歷年出險最多之處。華北水利委員會，曾於民國十七年十一月至民國十八年四月之低水期內，在開封柳園口設水文站。測得該處河槽的式樣，忽成扁平，忽變尖銳，改爲四方，換作三角，有時裂做數塊，有時呈多角形，或寬至一千三百公尺，或窄到二百五十公尺，變化多端，宛如上海大世界之哈哈鏡。（圖存華北水利委員會）在其他各河內，找不出這種劇變的現象。

各段河槽的形式雖千變萬化，總可概括出一個通性，簡單說來，水淺時，成小徑之淺盆投影，水滿時即底陷徑大，成大碗之投影。但是普通河道也有這種現象，這又怎樣解析呢？不，與黃河大大的不同！前者之碗底即盤底，碗邊即河岸。後者之碗底碗邊，係掀掉盤底，沖刷淤土做成功的。此碗愈大華北民衆之飯碗，愈要擠破了！

（三十九）橫剖面面積的變化

水大水小時的橫剖面積，照普通情形說來，應該差不多。黃河則不然，因河床疏鬆，水漲即槽底沖深，槽邊刷寬，水退即河底澱高，二岸於窄。

雖則濕週與濕剖面積的增減，亦和其他河道一樣，隨水位之升降而異。可是同時又另有一種淤刷之特別因素。

黃河大水退落二尺，河底淤高一尺，已在陝縣，洛口……實測證明，并詳述于前節中，如在河槽狹小，泥沙無旁擠之處，其沈澱之速，停淤之厚，更足令人驚駭。

平漢鐵路局在鄭州鐵橋磯墩旁邊測得：

以大沽平均海面作標準

二十二年八月　九日，洪水位高九七·五公尺；河底高八三　公尺

二十二年八月廿四日，洪水位高九二·五公尺；河底高九〇·五公尺

前後相差。十五日，水面降落十六尺半，河底淤高二十二尺半，水面低一尺，河底高一尺四。升的比降的還要多！不過這是因當地受建築物的影響所以如此，若全河都是這樣那還了得！

我今示明剖面面積之變化。使工程家知如何利用淤澱作用，去保護堤工，堵塞決口。

華北水利委員會曾在（民國十八年）河南陝縣，測黃河橫剖面，茲摘錄其結果如下：

陝縣黃河橫剖面積之變化

| 民國十八年 月 | 日 | 濕面積 平方公尺 | 因淤而喪失之面積 | 因水位降低而喪失之面積 |
|---|---|---|---|---|
| 8 | 16 | 1100 | 275 | 200 |
| 10 | 15 | 625 | | |
| 5（十九年） | 13 | 225 | 250 | 150 |
| 共計 | | | 525 | 350 |

總計自水小時至水退時，因淤而喪失之面積，有三百五十平方公尺，爲原面積（一一〇〇平方公尺）百分之三十二。其因水位降低而喪失者，爲五百二十五平

方公尺，合原有面積百分之四十七。餘留之濕面積僅有二百二十五平方公尺，爲原有濕面積百分之二十一「差不多五分之一」

全年該會復在山東洛口測量河槽，採錄其與本文有關之材料如下：

山東洛口黃河橫剖面積之變化

| 年 | 月 | 日 | 濕面積平方公尺 | 因淤而喪失之面積 | 因水位降低而喪失之面積 |
|---|---|---|---|---|---|
| 十八 | 10 | 17 | 1850 | 291 | 361 |
| | 6 | 15 | 1243 | 240 | 141 |
| | 5 | 14 | 882 | 178 | 160 |
| | 3 | 13 | 475 | | |
| 共計 | | | | 718 | 662 |

綜計上表，洛口河水低落，致河底淤高，其因淤而減少之濕面積，爲七百十八平方公尺，合原有濕面積百分之三十九·因水面低落，復減少六百六十二平方公尺，合百分之三十六。僅餘留一小塊，合四百七十五平方公尺，爲原面積百分之二十五。

運河工程局于民國八年揀選山東姜溝地方測量黃河，擇錄其實測數值如下：

山東姜溝黃河橫剖面積之變化

| 月 | 日 | 濕面積（平方公尺） | 因水位降低而喪失之面積 | 因淤而喪失之面積 |
|---|---|---|---|---|
| 7 | 24 | 2810 | 1030 | 300 |
| 8 | 15 | 1480 | | |
| 5 | 26 | 970 | 250 | 260 |
| 5 | 7 | 420 | 380 | 170 |
| 共 | 計 | | 1660 | 730 |

詳審上表，其濕面積之減少，關係于淤澱者，爲百分之二十六，關係于水位者，爲百分之五十九，遺留者爲百分之十五。

運河工程局曾在山東魏家山測量黃河橫剖面，茲摘錄其結果如下：

山東魏家山黃河橫剖面積之變化

| 月 | 日 | 濕面積（平方公尺） | 因水位低落而喪失之面積 | 因淤之而喪失面積 |
|---|---|---|---|---|
| 8 | 2 | 3000 | 670 | 570 |
| 8 | 31 | 1760 | 400 | 300 |
| 9 | 30 | 1060 | 280 | 400 |
| 5 | 6 | 380 | | |
| 共 | 計 | | 1350 | 1270 |

綜計上表，自大水時至小水時，因淤而喪失之面積有一千二百七十平方公尺，合原面積百分之四十三，其因水位降落而喪失者，有一千三百五十平方公尺，合原面積百分之四十四。餘留者僅三百八十平方公尺，折原有百分之十三。

比較各處測量結果，因淤而喪失之面積，多寡不仝，粗皮一想，一定說是牠們的原因複雜，而難推求，其紀錄也値不得整理與分析。如仔細研究，就能明瞭淤面積之多寡與河槽之寬窄成反比例。窄的地方，二旁無堆聚泥沙之餘地，泥沙一部份沈入槽心，其他部份湧積於深水綫之邊，因此淤土之剖面積特別廣大。河身寬廣處即不然，旁槽有泥沙湧退之隙地，無須專擠沈於正槽裏，故其面積較少。上述四處測量結果，惟魏家山黃河岸旁山石，淤土之面積甚大，達到百分之四十四，差不多是塡滿一半了！此數値實在使人驚駭！

黃河泥沙既如此之多！沈澱若是之速，淤積如此之厚！爲什麼工程家不去利用他以抵禦大溜，規範河道，及其他種種工程呢？河工古書上，早就有『掛淤』

的名辭，且行之有效。去歲河北省長垣縣馮樓潰決，有四深水口，用掛淤方法堵塞了三個。又爲掛淤功效有力之鐵證。

今願與諸水利工程家，共同負責推行『掛淤』方法，以規範河流，此正所謂以敵制敵，事半而功必倍。

丙，河槽之平面變化

（四十）河槽平面之變化

由上俯視河槽，其呈於眼簾之扁平景象，叫做平面，其中部的深水綫，和二旁的岸綫，都是重要綫跡。

大堤的功用，是防阻大水外溢，亦卽是大河床的岸綫。下游三省的大河床，有寬到二十五公里，有窄到三公里，窄的不及寬的零數。

河南省孟津縣以下至海口爲止，黃河低水槽的寬度自三里至二十里，寬窄之比，爲六比一。

由上可知黃河下游河槽廣狹之畸形一般。

我們再注意其深水綫，是不是像普通河道一樣，常在其中部。此是河流的最深的一條綫，須從水底丈量出來，華北水利委員會在開封柳園口實測。

民國十七年十一月十四日，黃河之深水綫，在測點之北　一二八公尺

民國十七年十一月二九日，黃河之深水綫，在測點北移至　六七〇公尺

前後十五天深水綫　移動　五四二公尺

每天平均　移動　三六公尺

十二月二十四日　深水綫　南回至二七〇公尺

前後相差二十五天深水綫　實移　四〇〇公尺

每天平均　實移　一六公尺

民國十八年二月十九日　北移至測點北五三六公尺

二十五天之內　實移　二六〇公尺

每天　移　一〇公尺

三月十一日　南岂至測點北三一六公尺

前後二十二天　實移　二三〇公尺

每天　移　一〇公尺

共計一百二十七天之内，深水綫在平面上，南移北徙，來復四次。移動一三六〇公尺。

由上可知，深水綫每天最快能横走百八公尺。十四天之内可移一里，冬春之交黄河水淺，尚且如此，到了夏季水漲，其奔突馳驟，恐遠出吾人意料之外。北方有句俗語，「十年河東，十年河西」，這句土話是什麽意思呢？原來夾在二大堤中間數十里的村落，因河槽横移，西邊村莊，倒坍河内，不久原址即在河東湧出，而復築房聚居。若干年後河又來一次反向的移動，發生相等之麻煩。

丁，黄河之十五大徙

(四十一)十五大徙述略

黃河因有上述的性質，故常常潰決改道。許多人說：『黃河有六大徙，而小徙不計焉』，這句話有點含糊。『大徙』究竟大到什麼地步？『小徙』小到什麼程度？前人沒有說出一個界限來。換句話說，所有的研究，雖甚有價值，但欠合邏輯原理。

現在我們可以說：黃河橫徙（新河故道間之最大距離）百里以上是『大徙』，百里以下是『小徙』。

聽人談黃河改道，須特別注意改路的遠近，和前後二次變徙時間相隔之長短。時間愈短，則意義愈嚴重，災民頭次之瘡痍未補，二次之災難又來。損失亦愈重大。如改道又長又遠，即災區廣，難民多，地方經濟影響大，社會繁榮因之愈衰落。對麼？我根據上寫幾點原則，來說黃河的改路。

（1）洪荒時代的原道

最古的河道不易推求。但吾人參閱各種書籍，知禹王僅疏導原有河道使之通

過，繞積石山，穿星宿海，由青海巴顏喀喇山東行，原道還是由青海巴顏喀喇山東行，穿星宿海，繞積石山，過

暢，並未另開新河。原道還是由青海巴顏喀喇山東行，穿星宿海，繞積石山，過賀蘭山，由萬里長城，經龍門孟津入於平原。從此以下，河道複雜，枝叉紛出；南連淮泗，北接滹沱。水流就這樣四面泛溢入于海中。

（2）二支禹河

禹王導河始自積石山，經龍門，華陰，砥柱，孟津，至滑縣（大伾）之北分爲二支：南支叫『漯川』，自大伾之南分出，東北流至山東千乘入海。北支卽『大河』自滑縣東北流，至河北省鉅鹿縣分爲徒駭河，馬頰河……九支，禹王一一疏浚之。徒駭河位于最北，流量亦最大。九枝流至天津之東，同爲逆河而入于海。

（3）北支弓形之徙

過了一千六百六十多年。至周定王五年（民國前二五三六年），大河決於河南省滑縣之胥宿口。北支之水全湧到漯川來，因水量太多，川小不能容，同流百餘

里之後，復沖開新途，改道北走。新途位于故道之東南，自滑縣起離舊道東北行，經內黃，大名，高唐，至滄州回入故道，仍由天津出海。

此次出險，僅滑縣以下滄州以上長四百多里之一段，河道向東南灣凹百卅餘里，呈弓背形，海口及上游俱未變動，所以叫『弓形之徙』。

（4）南支壽命長于北支

至民國前約二千年（漢武帝元年），漯川之水，在河北省濮陽縣瓠子決口，東流經距野，匯入江蘇泗水，再注于淮河，而歸於海。漯川原長約四百五十里，由山東改遷到江蘇，橫徙四百餘里。計自禹王治河成功至此，已經二千一百四十六年，總算壽命最長了！

（5）合流

其後二十三年（元封二年），宣房閉塞成功，南流斷絕。于是自濮陽蜿蜒到江蘇海濱，迢迢五百數十里之黃河，北移五百里，匯入天津海河，一同出海。想當年，二支合流，北瀆以狹小河槽而瀉全河之水，自然有一番劇烈的變化。河岸坍去啦，村落被毁啦！飢餓死傷，擾亂一塲。不過那時人口較稀，受害亦較少。

（6）王景河

此後約過百年（至漢王莽建國三年，即民國前一九〇三年），河決南樂縣（魏郡）。右溢汴渠，左亂濟瀆，下泛清河以東，濟南，平原，千乘等郡。當時因政治變動，各處紛亂，未加堵塞。及莽亂既平，王景利用兵工修治新道。由滑縣接陽武河，東北行經濮陽，聊城，蒲台等縣，由利津入海。二岸建築堤防以資束水，河中約隔十里立一水閘，用節流量，治理頗稱得法，成千年不壞之功。可算是禹王第二了。（著者按王景治河法史書記載欠明瞭，擱河築閘，恐事實上不能做到。何況漢代技術尚幼稚呢）

（7）王景河之分

至民國前約一千二百年，當唐代初期，大河在河北省之清豐縣，分流爲馬頰河，下合篤馬河至山東無棣縣入海。長約四百二十里，離故河約百里。其分流年月雖不得詳，而唐志所謂久視元年（民前一二一二年）開新河者，蓋指此河，自漢王莽時代河離其故道起，到此時爲止，已六百九十一年。

（8）宋人鬧北流

宋仁宗慶曆八年（民前八七四年），河決濮陽縣商胡埽，全河之水潰經清豐，南樂，大名，陶館，南皮，滄縣由天津之東入海，一千零三十二年之王景河，至此完全淤塞。按北流長約五百里，此次橫徙約百八十里。其後十年，宋朝君臣擬挽河回東，嘉祐元年四月塞商胡（民前八五六年），放水入新開之六塔河，但此新引河窄小不能容，即夕復決。

（9）東流與北流

宋人之應付愈拙，河道因之愈猖狂。後五年（民前八五一年，離前次大徙僅二十三年河決于魏，（大名縣）之第六埽，河水遂分：一支經冠縣，陶館至堂邑縣，合馬頰河，又東至德平合篤馬河，由山東無棣縣入海，是謂東流，長約四百里。一支仍由『北流』原道入海。二流間之最大距離，即河水橫徙之路，約百七十里。

（10）東流之絕

此後三十八年，當宋哲宗元符二年，六月，河決河南省內黃縣，『東流』北潰約百七十里，推波掀浪，全部湧注于北支。東流遂絕。

（11）金河

宋淳熙七年（民前七三二年），河決衞州（汲縣），水奔商邱，徐邳等縣，合江蘇之泗水，淮水而入于海。金人利河南犯侵宋，不但不加堵塞，且自汲縣至商邱，二岸加築堤防，迫河南走，以利軍運。于是長五百餘里之北流，橫走約六百五十里，不能再回故道。其與東流之絕，相差僅八十年。當時民衆，陷于水災與兵災之中。眞是禍不單行，受着雙重苦痛！

（12）徙于陽武

不出十四年（宋光宗紹熙七年），河水又改道北走。自陽武縣離其故河，東北行經新鄉，東明、濮陽等縣，到鄆城分爲二支。一支南行過距野銅山，仍入故道，合淮水從原處歸海。一支北走，經濟南至利津入于渤海海灣。僅僅十幾年，河又離故道四百三十餘里，爲禍之烈，言之寒心。

（13）梭形黃河

不出七十年（元世祖至元中）黃河再南走，起初分爲二派：北一派水較大，自陽武縣離其故道，東行入汴渠，經歸德，走徐州。南一派遊迴南行，借渦穎水道至淮泗交匯處，與北派合，仝歸於海。二支水道，構成梭形。

按晚宋黃河北支長約四百四十里，現橫徙四百里，南支自鄆城至銅山之段，長約二百五十里，橫移百里。

（14）潰於杞縣

前後相差又五十年，至元仁宗延祐中（民前五九八年），河又潰於杞縣小黄村，決口深大，吸二派之水南流入渦，黄村口門既堵，南派斷流，全河之水循北派原槽，走汴渠，入泗水，借淮道由江蘇入海。是南派之水由潁歸泗，徙三百餘里。

（15）短命有貞河

明英宗十三年（民前四六四年），河潰數處：一自新鄉八柳口沖出，東北行經張秋，破壽張縣沙灣堤，跨運合大淸河入海。一自滎澤東行入故道，循淮河入海。由利津入海的水多，由淮口入海的水少。是大河已横走四百里。新河槽仍不穩固，其後四年沙灣黄河即出險潰決。乃由都御史徐有貞主持疏浚自張秋至開州（今濮陽縣）之一段。沿河設閘分水入海入運二途。工程浩大，當時化錢不少。可是僅過四十六年，河又大徙。有貞河卽夭折。

（16）劉宣忠河

民國前約四百年（明弘治五年）河決封邱荆隆口及曹縣黄陵崗，水溢張秋。

流入運河，侵汶水。其由滎澤歸德南流之口盡淤。次年副都御史劉宣忠，指導浚治黃河，疏孫家渡口及黃陵崗。在曹縣，滎澤，祥符，陳留等縣開造引河，導水南走。又於北岸築太行堤及新堤，南岸築牮堤，引水借淮槽入海。是離有貞故河又四百餘里。

(17)今日之黃河

距今八十年(清咸豐五年)，河大決於蘭封縣銅瓦箱，適值洪楊革命，軍務繁興，未加堵塞，河分數股冲出，一股由曹州趙王河東注。二股經東明縣東流，奪大淸河槽，在遠離故河四百里之山東利津縣出海。後曹州一股漸淤，水全入於南股，遂成今日之黃河。

(四十二)黃河大徙之週期率

綜上所述，黃河下游百里以上之大徙有十六次。其壽命最短的河道爲金河，僅有十四年，換句話說十四年之內，黃河大徙二次(見十二)，壽命最長的爲漯川

（見四），經歷二千一百四十六年，爲有史以來治理最好的河道。

黃河横徙之路（新故二道間之最大距離）最遠的爲金河，離北宋故道六百五十餘里。最近的（就本文論及者）爲王景分河，（見七）離舊河僅百里。

總括一句話，從有史以來

黃河六百里以上的大徙有一次

黃河五百里以上的大徙有二次

黃河四百里以上的大徙有八次

黃河三百里以上的大徙有十次

黃河二百里以上的大徙有十次

黃河一百里以上的大徙有十六次

自帝堯八十載（西曆前二三七八年）禹王導河功成，至本年止，已四千二百十二年。

黃河大徙　百里以上之發生週　二百八十餘年一次

黃河大徙　二百里以上之發生週　四百二十餘年一次

黃河大徙　三百里以上之發生週　四百二十餘年一次

黃河大徙　四百里以上之發生週　五百二十餘年一次

黃河大徙　五百里以上之發生週　二千餘年一次

黃河大徙　六百里以上之發生週　四千二百餘年一次

禹王以前的黃河是處於洪荒時代，洪水橫流，泛濫於中國，宋元二朝的黃河是處於半洪荒時代，爲什麼要這樣說呢？實因那時河道不治：十四年一大徙，二十三年一大改，三十八年一大遷……前後四百五十五年之中，大徙九次，平均九十年一次。想當時洪流縱橫，奔潰於華北。房屋之冲坍，牲畜之飄流，人民之哀號，慘狀何堪設想。

黃河一方面是仙河，載渡我優秀之中華民族東來，列祖列宗，藉以造成燦爛之文明，是我們的聖地，是我們的耶路撒冷！一方面爲蛇虺，伸其長舌，殘噬若子若孫。爲爭生存，我們要整治黄河，來保自身之生命財產。我們飲水思源，要復興華北，發揚祖宗之文明！

附：黄河下游河床之比降

| 地名 | 海口 | 洛口 | 壽張 | 濮縣 | 開封 | 鞏縣 | 陝縣 | 潼關 |
|---|---|---|---|---|---|---|---|---|
| 高度（以大沽海平面作標準） | 0 | 70 | 119 | 150 | 231 | 317 | 867 | 960 |
| 距離 | 380里 | 230 | 80 | 240 | 230 | 370 | 170 | |
| 比降 | 萬分之一點二 | 萬分之一點四 | 萬分之二點六 | 萬分之二點二 | 萬分之二點五 | 萬分之九點九 | 萬分之三點六 | |

# 第七章

## 水災之性質及二三年大水災之成因

四十三　水灾與雨量

四十四　水灾與水位之關係

四十五　支流漲水與二三年洪灾

四十六　流量與水灾

四十七　支流流量與支幹流之洪灾

四十八　洪流傳播率
四十九　洪流影響綫
五　十　洪泛時間之久暫
五十一　囘峯之特性
五十二　堤工缺點
五十三　堤防管理之欠良
五十四　水災之眞因

依邏輯原理，研究水災之成因，至少須有若干年水文材料，並須明瞭流域內之地質，地層罅裂及滲漏等種種情形，方能得有相當之結果。不幸近數世紀來，中國河工進步遲緩，黃河之各項水文記載都付缺如，卽有一部份亦不甚精確。

無已，惟有收羅殘缺之報告，以試探求，其目的：一方在示明國人以研究工作之途徑，他方冀稍有所得，而與國內外之工程先進共同研究。

迴瀾記要，黃河漲水時期可分爲：

| | |
|---|---|
| 桃汛 | 桃花開時（四五月） |
| 伏汛 | 入伏時節（七八月） |
| 秋汛 | 秋冬之季（九十月） |
| 淩汛 | 冬至前後（十二月左右） |

每年河水升漲最高，是在伏汛，自立夏起水面逐漸上升，至霜降後逐漸退落，前幾年河南河務局老君堂分局，由立夏起每日早晚報水位二次，至入伏後報三次，過霜降報一次，其民十五，十六，十七三年之水位比較如下：

| 年別 | 伏汛 | 霜清 |
|---|---|---|
| 民十五 | 二丈一尺一寸 | 二丈一尺九寸 |
| 民十六 | 二丈二尺 | 二丈一尺六寸 |

民十七　二丈四尺一寸　二丈零　九寸

註一霜清約在十月

水災之發生恆在伏汛期內，在昔君主時代，河工全志即名伏汛爲大汛，屆時巡視堤防特別嚴緊，近年慘酷之浩災，即在大汛期內發生。

（四十三）水災與雨量

雨水過多實爲水災之成因，緣天空降落地面之水，匯流入于河內，河水增漲，河槽不能容納，于是橫溢成災。日雨量爲搆成水災之重要因素，而暴雨與水災之關係尤大，歐洲通行之四種水災預測法中，用雨量預測法，恆有精確之結果。

據朱元明先生（甘肅省立氣象測候所所長）報告：謂蘭州七月十三（二十二年，以下倣此）夜大雨，測得地面受雨之量爲三〇公厘。

力士先生Mr. p. L. Gillet接得綏省報告謂：薩拉齊一帶七月份內之雨量達至四三四公厘。而以前記錄之平均數爲一二〇公厘；即本年七月之雨量，實超越過去之記錄三倍以上。又據傅作義主席報告：本年入夏以來，綏遠雨量在七月七八九號之三日內有二〇五公厘，約等該省之平均年雨量。嗣後霪雨連綿，至月終止，其記錄達至四三四公厘，超過過去三年之平均年雨量二倍以上。

太原友人函告：謂該處附近一帶，七月二十六夜大雨，山洪暴發，汽車路多被沖毀。

陝西涇陽縣農塲辛塲長報告：謂陝省六年來之平均月雨量爲八九公厘，七月二十夜，涇渭流域大雨傾盆，一夜之雨量達七五公厘。二十一日復注瀉不停，其記錄仍達五九公厘之多，合共一三四公厘，是該處一日一夜之雨量已約等於二個月之雨量矣。

七月二十日薄暮，大雨驟降於蒲城（涇水左岸），及至夜半，驚雷一聲，暴雨如注，風號電掣，不可遏止，遂至積水成害，全縣淪於澤國。

藍田於七月二十四夜降暴雨，山洪由庫谷直洩而下，淹沒母子等村，人口沖去，房屋全坍。

綜上所述，七月份內甘肅，綏遠，山西，陝西等省之暴雨爲此次水災之成因，實甚明顯，當於結論內水災眞因節討論之。

(四十四)水災與水位之關係

明瞭沿河各測站之水位，卽能測算洪流傳播率，和洪流影響綫等，黃河之治理以前無統一機關，黃河水利委員會成立未久，雖叠向各處調査種種記載，大部份尚未有覆函，現就可能範圍內，從事研究。

朱元明先生測得蘭州附近黃河水面，自五月十二號起卽開始高漲，截至七月十三日止，漲高二·六公尺·而在七月十二號夜，卽突漲一公尺·此後上游仍續有增漲，直至八月初水勢仍浩大，有一鮮姓的牛皮浮筏，載旅客二十餘人出險溺死·九日省會公安局發出公告，勸各船戶愼重航行。

傅作義電告：謂綏省各縣自七月一日以來霪雨成災，山洪暴發，同時隴甯雨水更多，以致黃河浪頭澎湃，水位之高，打破歷來未有之記錄。

晉境黃河自七月中旬以來，亦逐漸上漲。二十二日邵力子先生接得晉省報告：謂黃水勢大，河槽不能容納，已在永濟決口。

六月二十五日，潼關水暴漲，浪頭過大，渡船全停，河中漂流着柴木屍身等物，七月二十七日河水再猛漲。

陝州河南河務局測量員報告：七月七日午刻，黃河水位陡漲二・六公尺，人人爲之驚駭，八日續漲一・二公尺，已較二十年最高水位高二尺，三十日繼續上漲，八月七日至九日突漲五公尺，因下游溢決，十日晨落二公尺。茲附錄該處幾個最高水位：

陝州最高水位之比較

| 年份 | 水位(以大沽水平面上公尺計) |
| --- | --- |
| 民十八 | 295.34 |

八　296.00

十四　296.02

二二　298.34

八月九號夜，平漢鐵橋下黃水飛漲二・六公尺，水與橋平，電綫全淹沒。因水勢凶猛，村民拆路基三公尺以便過水。

十日晨，汜縣河水高漲，水溢過堤頂。

自七月初起，魯境黃河逐漸上漲。七月十二日李升屯十壩五埽沒水尺許。八月五日續漲，堰壩沖潰，十一日復漲〇・二公尺。

七月九日起洛口黃水升漲，至十三日止漲高一・四公尺，二十五日漲〇・二公尺，二十八日漲〇・一公尺，八月三日漲〇・一公尺，五日漲〇・一公尺，七日後因上游河決，水位逐漸減低。茲錄洛口幾個最高水位，以資比較。

## 洛口最高水位之比較

| 年份 | | 水位(以大沽水平面上公尺計) |
|---|---|---|
| 民國 | 14 | 28.50 |
| | 18 | 28.54 |
| | 10 | 29.38 |
| | 22 | 30.35 |

(四十五)支流漲水與二三年洪災

支流漲水對於本年洪災實有重要之影響，茲分述之如下：

汾水(山西)——七月二十六日太原一帶大雨，廿七日汾河水漲一·六公尺。

渭水——六月底七月初渭水已漲，七月廿號大荔縣沿渭之蘇村紅善村等處，兩岸秋苗悉被淹沒。二十四日關中暴雨後，二十七二十八兩日水復大漲，渭北土原地方，居民悉隨波臣流去，三原橋下水漲六·六公尺，平原縣城全浸於水中，八月十日草灘渡口渭漲，水淹至草灘鎮，沿河之柳樹村莊，悉成澤國。

涇水—七月二十晚西安附近大雨，次晨，三原縣境河水漲至深約三〇公尺，城內有一龍橋，高七丈二尺，水竟越橋而過。涇陽縣境自張家屯至塔雷家一帶，平地水深數尺。

汜水—八月十日汜水漲，水出槽，漫溢全縣。

沁水—八月七日沁水南汎漲一·四公尺。

漳水—七月七日漳水漲，倪辛莊地方水溢過堤頂，半日始退。

綜計上述，除沁水漳水之漲水期不在八月，汜水因受黄水倒灌致溢漫外，其汾渭涇三水之上漲，對本年洪災實有重要關係。

（四十六）流量與水災

流量過大，河槽不能容納，乃横溢成災。測出上游之流量，卽可知下游之水勢，此通常之水災預測法也。七月下旬黄河上游水量已多，二十二日河卽溢決于晋境之永濟。河南陝州之流量，在七月七日測得已爲四三三〇立方公尺，比去年同日多八倍，至二十二日增至五五二〇立公方尺，八月二日復增至八五〇〇立方公尺，超越過去之最高記錄。至九日竟增至二〇〇〇〇立方公尺，下流于是溢決，茲錄出陝縣幾個最大流量，以資比較。

陝縣黃河幾個最大流量記錄

| 年份 | 流量（立方公尺/每秒） |
| --- | --- |
| 民十 | 5,080 |
| 民八 | 8,400 |
| 民二二 | 20,000 |

十日因流量過大，黃河開始在汜水縣出槽，水溢堤外，全縣汪洋。黃河鐵橋下不能通過此巨洪，亦溢于北岸。冀境石頭莊張武才一帶之水，俱漫過堤頂，魯境黃河流溢堤頂者，有一二五公里之多，而洛口流量每秒竟達9800立方公尺。茲錄該處幾個最高流量，以資比較。

洛口最大流量比較　（每秒立方公尺）

| 年份 | 流量 |
|---|---|
| 民八 | 4425 |
| 九 | 5925 |
| 十 | 8075 |
| 十八 | 4690 |
| 二二 | 9800 |

（四十七）支流流量與支幹流之洪災

支流流量過大，實促成本年水災，陝西涇渭洛流域之大荔，藍田，涇湯，蒲城等縣受災之慘狀，足使聞者鼻酸。

據安立森先生估側．

八月七八兩日　渭河在咸陽之流量有二〇，〇〇〇立方公尺（每秒）

八月八日　涇河在張家山最大之流量有一二，五〇〇立方公尺

八月八日　洛河在栁頭之流量有二，〇〇〇立方公尺

上述三河之巨大流量既構成當地之水災，復增加黃河之水勢。八月九日，河南河務局測得陝縣流量爲一四，〇〇〇立方公尺，安立森先生估側，八月九日十日鄭州黃河鐵橋下每秒過水二〇，〇〇〇立方公尺，而八日陝省三支流之洪量已爲三四，五〇〇立方公尺之多。浪頭洶湧，匯入幹流，下游因之溢決，當於結論內水災之眞因節討論之。

（四十八）洪流傳播率

洪流傳播率最好是實際測出，方能精確，亦可用各水文站測得之洪水位高峰，流量曲綫高峰等以推算之。

全河因斜度不同，洪流之傳播率亦隨之而異。

下游受雨區域，地面細流之傾入，支流水量之湧進，足以提高水位，加多流量，增大流速，換言之，足以增大傳播率。

反是，如下游地層罅裂甚多，即可以減少洪量、洪位，洪流傳播率。

研究本題須得上述之河道斜度，河流糙率……種種因素分析討論，始能得有較精確之結果。

按五月中旬黃河上游水面已開始升漲，七月十一夜，蘭州附近水暴漲（見水位與洪災節），八月一號晚陝州河水隨之暴漲，與蘭州漲期相差十九日・二十二日太原附近河流驟漲，與陝州漲期差八日，此實際之情形也。其陝縣及洛口歷年漲水時日遲早之差，統計如下：

陝縣洛口黃河漲水遲早及洪峰推移時間統計表

| 民國年份 | 陝縣漲水時日 月 | 日 | 時 | 洛口漲水時日 月 | 日 | 時 | 洪峰推移經歷時日 |
|---|---|---|---|---|---|---|---|
| 八 | 七 | 二八 | 一八 | 八 | 二 | 一八 | 五日 |
| 九 | 十 | 五 | 六 | 十 | 十 | 一六 | 五日十小時 |

| | | | | | | | |
|---|---|---|---|---|---|---|---|
| 十 | 七 | 十三 | 一八 | 七 | 十九 | 一六 | 六日六小時 |
| 十二 | 八 | 四 | 八 | 八 | 十四 | 一七 | 九日二三小時 |
| 十四 | 八 | 十四 | 八 | 八 | 十八 | 一八 | 五日二二小時 |
| 十六 | 八 | 二 | 一六 | 八 | 八 | 一六 | 六日〇〇小時 |
| 十八 | 八 | 六 | 十五 | 八 | 十 | 一八 | 四日十七小時 |
| 共 七次 | | | | | | 計 | 四二日十四小時 |
| 大汛 | | | | | | 平均 | 六日六小時 |

根據上述統計，洪峰自陝縣推移以達洛口，平均需六日又六小時。自陝縣至洛口為六二〇公里，即洪流傳播率每小時為四・三公里。歐洲賽納河（Seine）自蒙脫盧至巴黎段之洪流傳播率為每小時三・五公里。魯亞河洪流傳播之平均數亦為三・五公里。

黃河下游雖斜度不陡，但糙率亦不大，河槽寬暢，且屬湍急河性（Regime torrentielle），故洪流傳播亦較速。

上游斜度較陡，假定其傳播率爲四·五公里，即洪流自甘肅某蘭至陝縣，行經一九〇二公里，需十八天。

自寗夏至陝縣，路途長度爲一五一〇公里，約需十四天。

自綏遠包頭至陝縣爲一〇二〇公里，約需九天。

自山西河曲至陝縣爲七三二公里，約需七天。

這幾個數值與本節頭段所述之各方報告，二二年蘭州與陝縣二處黄水暴漲時日之相差約爲十九天，太原與陝縣約爲八天，之實際情形相符合。

(四十九)洪流影響線 (Ligne de L,onde des Crues)

洪流影響線與沿河地質滲漏，支流水量之匯入，沿河大湖之吞吐等有關·中間如遇河岸決口，即影響線立呈變化·如無湖沼，即所關係者僅爲土地之滲漏與支流水量等問題。

黄河河床及岸壁因無罅裂，滲漏不多，下游無雨，則影響線近下游段漸向下低落，有如民八民十八民二三年之大汛。

茲將該三年陝縣及洛口間之最大流量錄出，以推算影響線之變化。

陝縣洛口間黃河洪流影響線之變化(一)

| 年份 | 最大流量 | | 影響線低落 |
|---|---|---|---|
| | 陝縣 | 洛口 | 百分率 |
| 民八 | 6760 | 4425 | 35% |
| 十八 | 5940 | 4690 | 21% |
| 二二 | 4160 | 9800 | 3[illegible]% |

平均數28%

上述三年間自陝縣至洛口之洪流影響線，向下游低落之平均數爲百分之二十八。

如下游雨水連綿，則黃土及沙土均不能含水，水由二岸滲入河內，全時支流之水匯入，即影響線漸近下游漸次升高，有如民九民十之洪汛。

陝縣洛口間黃河洪流影響線之變化(二)

| 年份 | 最大流量 陝縣 | 最大流量 洛口 | 升高率 |
|---|---|---|---|
| 民九 | 4346 | 5925 | 8% |
| 民十 | 6090 | 8070 | 32% |

上述二年之洪流影響線，自陝縣至洛口向下游升高之平均率為百分之二十。

(五十)洪水之經久　(La duree des Crues)

黃河屬湍急河性 (Regime TOrrentielle)，上游斜度較大，山洪暴發，一瀉即泄盡，浪頭澎湃，倏忽而來，數時即逝，其陝縣洪汛時間久暫統計如下：

陝縣洪水經久時間統計表　(根據實測最高水位)

| 高汛及退汛時日 年(民國) | 月 | 日 | 高水峯經歷日數 |
|---|---|---|---|
| 八 | 七 | 二八 | 半日 |
| 九 | 十 | 五 | 半日 |
| 十 | 七 | 十三 | 半日 |

| 十一 | 七 | 二五 | 半日 |
|---|---|---|---|
| 十二 | 八 | 四 | 半日 |
| 十三 | 八 | 四 | 半日 |
| 十四 | 八 | 十一 | 半日 |
| 十五 | 八 | 十 | 半日 |
| 十六 | 八 | 四 | 半日 |
| 十七 | 七 | 十七 | 半日 |
| 二二 | 八月九日至十日 | | 一天半 |

由上述統計表觀之，陝縣黃河之高水峯，半日即逝，二二年特別水大，故洪峯留駐一天半，比平常時間較長。

洛口黃河洪水經久時間統計表（根據實測最高水位）

| 年(民國) | 高汛月 | 高汛日 | 退汛月 | 退汛日 | 高水峯經歷日數 |
|---|---|---|---|---|---|
| 八 | 八 | 三 | 八 | 四 | 二天 |
| 九 | 十 | 八 | 十 | 十一 | 三天 |
| 十 | 八 | 七 | 八 | 十 | 三天 |
| 十一 | 七 | 二七 | 七 | 二七 | 半天 |

| 十二 | 八 | 十四 | 八 | 十五 | 二天 |
|---|---|---|---|---|---|
| 十三 | 十 | 二四 | 十 | 二四 | 半天 |
| 十四 | 七 | 十 | 七 | 十一 | 一天 |
| 十五 | 八 | 三 | 八 | 十三 | 十天 |
| 十六 | 八 | 二三 | 九 | 四 | 十一天 |

共　三五天

平均：　三天十八小時

取整數四天（每次）

洛口黃河洪峯留住少即半日，多至十餘日，平均留住四日。

世界河性平穩之河流，其洪峯恆經歷五六日，黃河在陝縣之洪峯僅留駐半日，洛口地近尾閭，亦竟有僅駐半日者，湍急如此，宜其害多而利少。

（五十一）冋峯之特性

各大河如尼羅河，萊因河，服爾加河，揚子江等，其水勢之上漲漸而緩，退水時亦然。黃河洪水之經歷時間較諸大河爲短，已如上述，其漲退亦復驟急而迅速，且有冋峯之特性，處處表現湍急之色彩。

（圖十五）

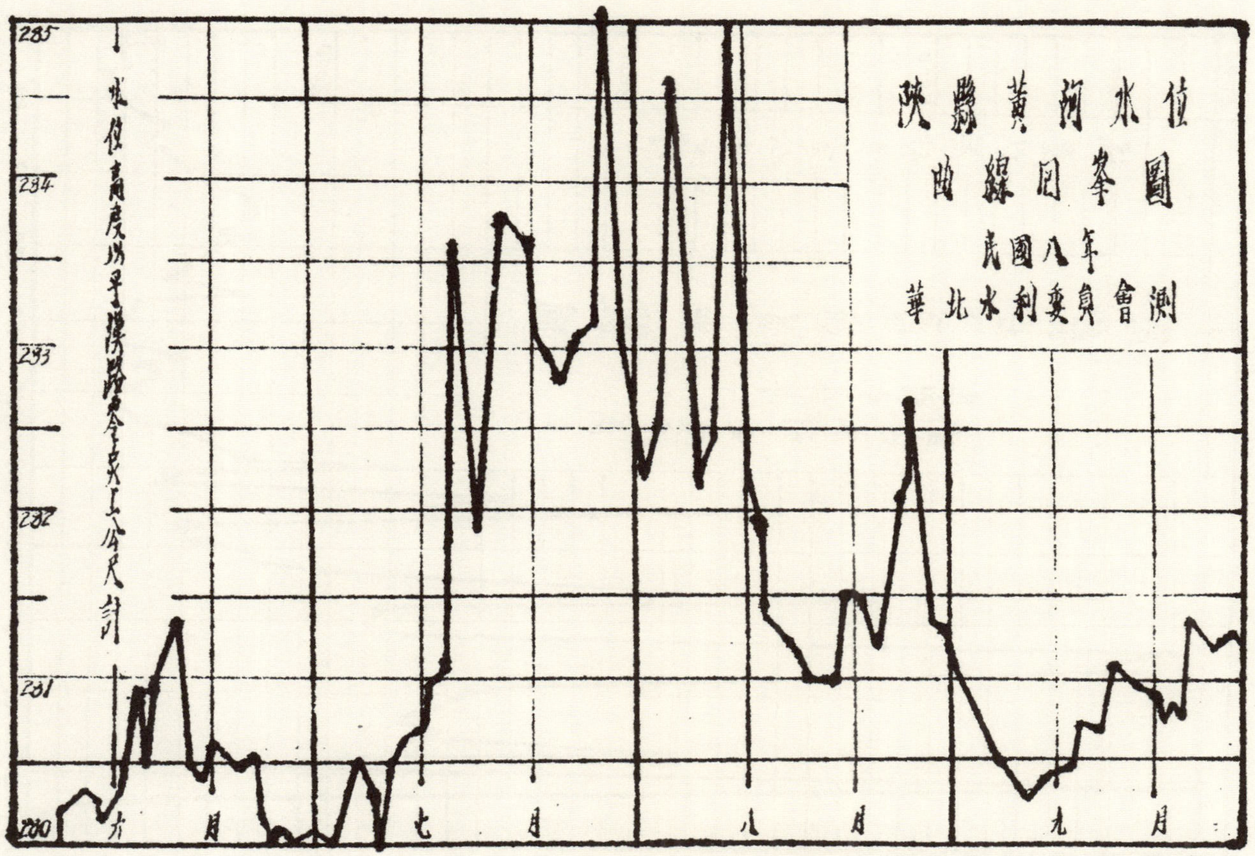

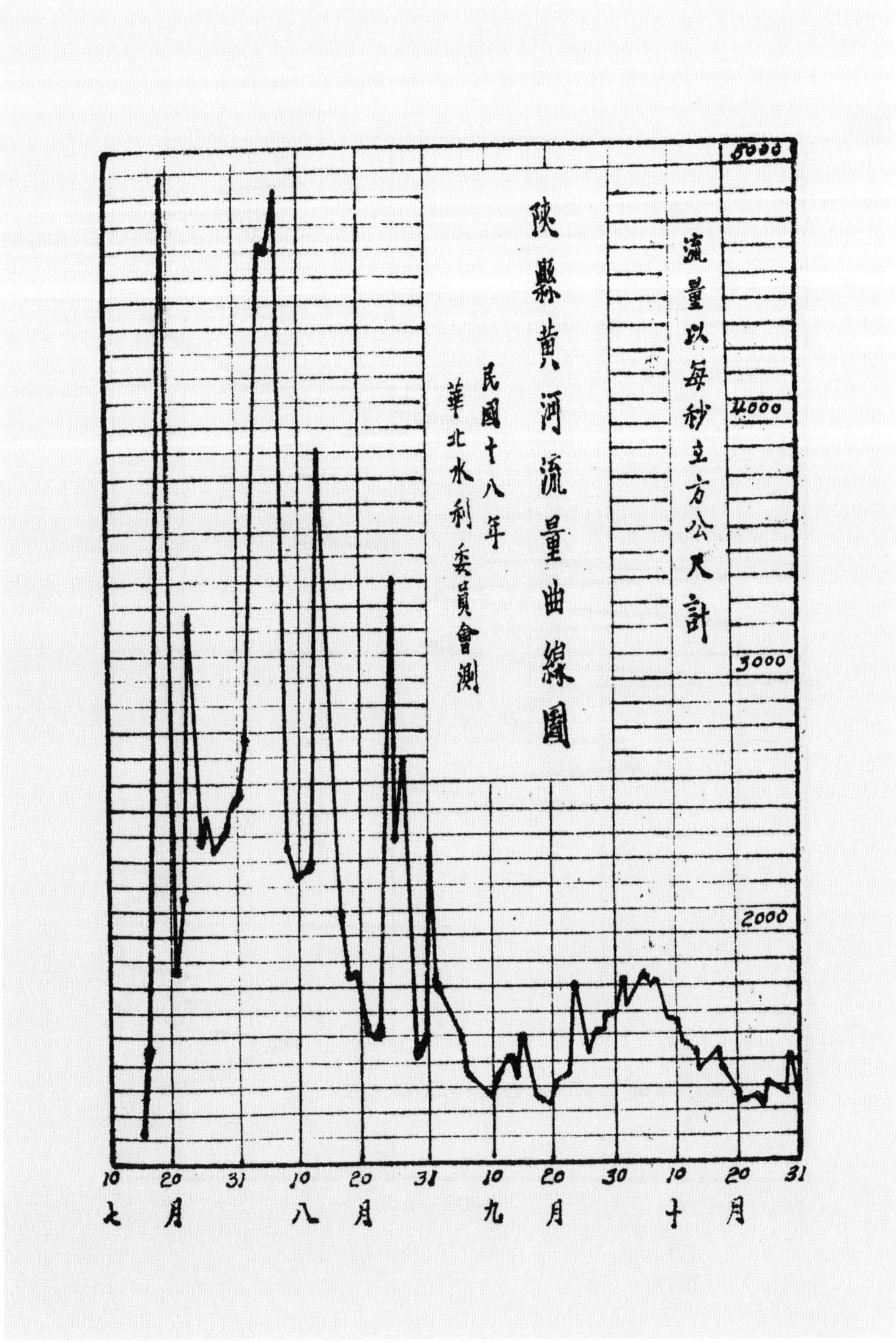
陝縣黄河流量曲綫圖
民國十八年
華北水利委員會測
流量以每秒立方公尺計
5000
4000
3000
2000
10 20 31 10 20 31 10 20 30 10 20 31
七月
八月
九月
十月

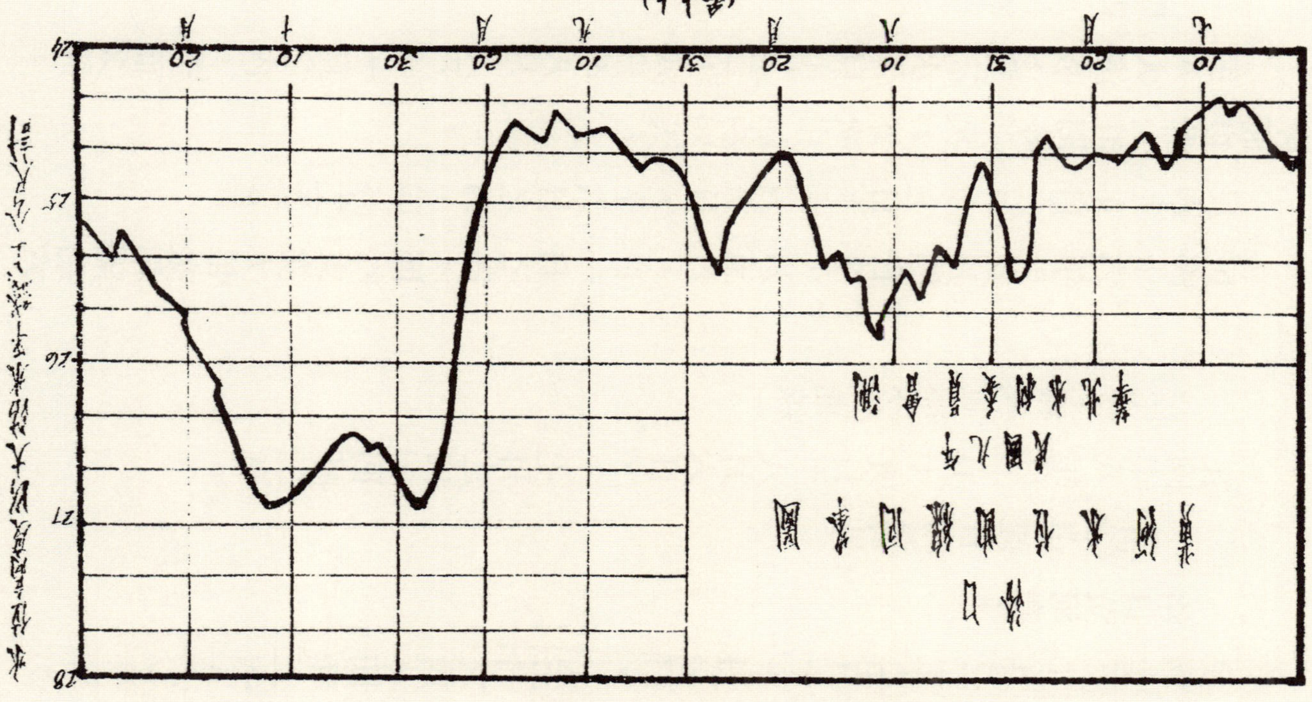


（圖十七）

黄河性之觀察

一八一

陝縣黃河在：

民八大汛時，其高水位自七月二十八日至八月九日十一日之内，升而又降，降而復升，計囘峰三次，每次相隔約四天。

民國九年自九月十九日至十月五日，十六日之内，回峰二次。

民國十六年自八月四日至九月五日，卅一日之内，回峰五次，每次相隔約六天。

民國十八年自七月十九日至八月六日，十七日之内，囘峰二次。

（以上根據實測水位曲線）。

（以上根據實測流量）。

洛口黃河在：

民國十三年九月二十五日至十月十日，十五日之内，囘峰二次。

民國十五年八月二十四日至九月三日，八日之内，囘峰二次。

（以上根據實測水位）。

（五十二）堤工缺點

蘭封黃河故道口迄未堵塞，至民國二十一年始以工代振，將缺口堵塞，惟取土俱係流沙，被風吹去一部，洪水一至，易溢過潰決。

小龐莊於民十二曾決口一次，大堤之南，圈有附堤，二三年大水至時先破大堤，繼越附堤，遂成長二里之決口。

袁寨口在光緒二十七年曾潰決一次，內築有附堤，大水先破附堤，繼越大堤而過。

曾搜集二百年來諸治河家之堤工計劃，除十八世紀初期徐端標準堤，超出最高洪位一・七公尺外，黃河新堤高度，每嫌不足，彼輩俱未曾計及低陷率（Affouissement）之數值，新堤築成後，經過數次大雨，卽自動陷落，成爲堅實之堤，普通泥土之低陷率爲百分之十，卽十公尺高之新堤低陷一公尺，如新堤堤頂僅高出洪水位一公尺，實不轂安全。

堤頂寬度徐端標準堤爲十七公尺，新近築成之堤俱在十三公尺以下，甚至有狹到六公尺者，作者以爲實在過窄。

曾統計百七十一之舊堤堤身剖面，頂寬約十四公尺者有四十九剖面，十八公尺者有二十剖面，二十公尺以上者有四十六剖面。

今若於舊堤中間連以千或八公尺之窄堤，猶之二段鋼索之間，連有同直徑之麻索，既不合經濟原理，且又危險萬分。

（五十三）堤防管理之欠良

甲，匪決

王季平先生調查：謂二十二年八月河水高漲時，值長垣著匪姬兆豐（綽號姬七）因受挫於滑縣民團，遂乘勢決堤，灌滑民以洩憤，高水峰至，全縣汪洋，故河北省以滑縣受災最慘。

（五十四）結論—水災之眞因

如果仔細看閱上文，即誰都明白此次水災之來源—根據工程原理，分析而得之眞因。

二二年水災成因，可分爲（一）天然（二）人事二種；其屬於天然者爲七月中下旬上游各省之暴雨，自該月七日暴雨陣奔入綏遠，七八九三日在河套一帶下二〇五公厘之雨量。

暴雨中心轉綏南入陝境，二十夜及二十一晝日，一日一夜間下百三十公厘有餘之雨，暴雨陣線再向東移動，二十四晚藍田大雨，平地水深數尺。雨線牽向東北入山西，二十六晚太原一帶大雨，山洪沖毀公路橋梁。在受雨區域之渭河，涇河，洛河，（以上在陝西）汾河（在山西）四支流，與幹河同時並漲，實促成此次水災。支流巨大洪量—渭河，每秒二萬立方公尺，涇河，一萬二千餘立方公尺（見前），衝入幹河內，水頭立高，澎湃奔騰，不可遏止。

# 第八章 結論

甲 什麼是黃河河性

五十五 河性之歸宿

乙 治河舊理論

五十六 崇禹派治河理論

五十七 不與水爭地派治河理論

五十八 引渠分水派治河理論

五十九　東水攻沙派治河理論

六　十　恩格斯氏之窄堤與潘季馴氏之縷堤

六十一　各國治河新法述略

(1)留灘法

(2)等斜度準剖面法

(3)閉岔流法

(4)開引河法

(5)裁灣法

(6)攻沙法

丙　黄河根本治法之商榷

六十二　横壩固槽法之我見

甲　什麽是黄河河性

(五十五)河性之歸宿

綜閱上述，便會感到黃河河性之複雜，但是不管牠複雜到什麼地步，我審慎地概括出三個河性來：

(一)甘肅以上，上游河道，行于山峽之中，河床起伏不一，水勢奔突怒號，其性『湍急』。

(二)寧綏一帶，中游河道，水行平地，其性『平穩』。

(三)山西以下，下游河道，潰竄無定，其性『遷徙』。

第一個性質，係江河之原始性；小溪，大河，任何川流，在其發源段，水流總是湍急。第二個性質，係大河之通性；凡巨川之下游，總有一段水流平穩，利于航行。第三個性質，是他處罕見，黃河獨具的一種潰徙性，也就是我們最注意，而最不易了解的一種河性。黃河具有這樣不好的性質，也有好幾個原因；含沙過多，河床蔬鬆，這二個是人人曉得的。另外還有一個原因，以前大家都不知道，至今始發現的，便是支流分配之不調整，交匯于下游者為數過多。黃河總共有長二百里以上之支流二十八條，匯入下游者竟有十五條，佔去百分之六十，過半還有多。黃河平常流量每秒僅有四五百方（立方公尺），一遇大雨，此十五條支流竟會挾一二萬方山洪，奔入大河，遂至支水旺于正流，鼓波作浪，沖潰堤岸，促成水災，這是與前二個並立的，一樣重要的原因。

乙　治導舊理論

黃河下游河性，如此惡劣難馴，究竟有何善法去利導呢？對這個問題，有許多意見；但是一方面因舊書籍記載欠合理，難作根據，他方面因新水文材料不豐富，無所依憑；以致翻古書的拘執舊見、談科學的，吹崇新法，尚空談的亂找皮毛，衆口曉曉，莫衷一是，歸納起來可分下列四種。

（五十八）崇禹派

這本是讀書人的一種願望，他們以為神禹若在，河患必不致於此。禹王既無回生之術，後代人還須採用他的方法，恢復舊跡才好。作這種主張的人，歷代都有，東漢以前，此說最爲得力，後世河道屢改，雖有言及者，然已不能精確指出舊跡。清崇禹派代表胡渭先生，在其禹貢錐指書內說：禹河本有可復之機，一失之于元封（漢武帝元封二年之決），再失之于永平（後漢明帝），三失之于熙寧（宋神宗），至明昌（金）以後，事已無可爲，居今日而欲規復禹河，是猶坐啖彪肉，終不得飽也。河之離舊愈遠，則反本愈難，但得東北入渤海，天文地理，兩不相悖，而河無注江之患，斯亦足矣！

所謂『失之於元封』，是說元封二年河決後，一般人不知引水歸禹跡，誤執「北瀆爲禹河」，失了機會。後來賈讓奏治河三策，請「決黎陽，遮害亭，放河使北」，這樣也有歸禹道的可能，可惜王帝不採用。「再失之於永平」是指王景誤認王莽河爲禹河，雖是王莽河疏導成功，厥績甚偉，却完全湮沒了禹跡，所以也不能一勞永逸。宋神宗時，河決商胡，北流通快，海口深廣，如引之循道，容易得很，可是時人竟塞北流，導河便東，坐失千載一時之機。這都是胡先生認爲歷來治河官吏之錯着。金章宗明昌五年，河徙於陽武，南派由泗水故道入淮出海，金人利河運兵南侵，至元世祖加開會通河，南北運道，就是糧食輸送命脉所關，大家都注意在治運，怎樣可以使之河廣水深，南北溝通無阻，黃河北囘問題就不能兼顧了。緬懷古人舊績，目觸今時河患，深傷了這位老先生的情緒！雖然他極力主張河復禹道，但茫茫原野，舊道在何處？後人亦僅能模模糊糊約略指其舊痕而已。故又說『禹河至渤碣入海，漢河亦至渤碣入海，卽以爲復禹舊跡，亦無不可，不必過降水至大陸，而後爲復禹舊跡也。當今之世，有能囘河北行，使入渤海，吾亦謂之復禹舊跡而已』。胡先生辭世不久，河卽北徙出渤海，恰應其願望，死而有知，亦當含笑於地下。但近年以來，河道未徙，而災患頻乘，是又非胡先生之所及料者也。

不但別人，就是我亦很崇拜禹王功績之偉大，少時在歐，常以吾民族有夏禹怎樣一個大英雄，向外友誇驕。在唐堯以前，中國民族，中國社會，尙飄搖于風雨之中，毁滅極易。大禹奠山川，平水土，宅百揆，始固我基礎，繁我民族。他確是時代之王，所採取治水方法，在當時最爲適合，故有此偉大成功。及至漢代，舊河已壞，水患又烈，治導之議蠭起，賈讓之治河上策，遂另立下述之一派。

（五十七）不與水爭地派

賈氏原係漢朝名臣，善文章又懂河工，眞是了不得的人才。漢哀帝時，他建議治河三策，上策便是『不與水爭地』，謂人民寧可遷居以避水，不可築堤以防水。自然也有當時的背景。他說：古者立國居民，疆理土地，必遺川澤之分。度水勢所不及，大川無防，小水得入陂障，卑下以爲汚澤，使水多得有所休息，左右游波，寬緩而不迫。這幾句話如果深味一下子，就知許多洋貨是土產改造的。讀過現代工程書籍的畢業生，都懂得蓄水池之功效及其重要，『左右游波使水有所休息』這不是調節水量，控制洪流的水庫作用麼？其論遷居擇處幾句話，又是現代城市學的原理了！用這樣深奧的學問，觀察黃河，自然是當時最有價值的言論。

他不贊成提防，說是害多而利少。齊與趙魏，以河為境，趙魏瀕山，齊地卑下，作隄去河二十五里，河水東抵齊堤，則西泛趙魏，趙魏亦為堤去河二十五里，雖其正水尚有所游盪，時至而去，則填淤肥美，民耕之或久而無害，稍築室宅，遂成村落，大水時至，則更築堤防以自救，稍去其城郭，排水澤而居之，沉溺固其宜也。這段話指出當時的築堤，全為自私自利，無通盤的規劃，甚至以決堤灌水為戰爭之工具。一次作俑，移害萬年，此老先生所太息者也！

賈氏建議的正論是『百餘里間，河再西三東，迫阨如此，不得安息，今行上策，徙冀州之民當水衝者，決黎陽，遮害亭，放河使北入海』，這是示明不必戀戀於多障碍，（指不合理之提防）不通暢之故河，還是決之使自由北行入海好。『今瀕河十郡，治堤歲費且百萬，及其大決，所殘無數，如出數年治河之費，以業所徙之民，遵古聖之法，定山川之位，使神人各處其所，而不相奸，且以大漢方制萬里，豈其與水爭尺寸之地哉，此功一立，河定民安，千載無患，故謂之上策」·反反覆覆，說明歲歲修堤，耗費鉅欵，實在太不經濟，倒不如避徙高地，忍痛一次，千載安樂也·在當時地廣人稀，或是一個好方法，惜哀帝顧慮多端，沒有採用·同意賈氏中策的人亦復不少，遂有引渠分水派

(五十八)引渠分水派

原來禹王導河至河南滑縣分爲二支，至鉅鹿再分爲九支以入海·後世之泥古派，太息于不再採分水辦法，致成今日之河患·賈氏本此以多穿漕渠，溉冀州田，分殺水怒，爲治河中策·王景氏治河　於築堤，築水門及疏浚塞而外，並採開渠分水辦法以爲之助，而得成大功·自然分水也有分水的理由，看你怎樣分法·惟開渠分水派，卽專着眼於農利，其袪河患也少焉·胡渭曰「穿渠引水，非古法，自溝洫之制廢，而灌溉之事興，利於田而河則病矣，」古書上零零碎碎，常常

看見，有這類的討論．就是現在的雜誌報章上，還有許多人發表對這個方策的意見．站在正面的，以爲現今河身寬弛，雖合亦淤，使其狹深而整，則雖分亦可不淤，散漫之支歧，固必封閉，然因地勢流量關係，亦非强之使不分，故禹王之厮河無有弗當也．對此派之信仰，究竟反對者多，擁護者少，而遂有下述之一派。

（五十九）束水攻沙派

他們深覺河患之結晶在多沙，沙多卽停易，沙停卽河低淤高，而堤潰水溢矣。故治河當先去沙，漢張戎說『水性就下，行疾則自括除成空而稍深』，他發現了這種現象以後，就極力抗議當時引水開渠，分殺水勢的辦法．明代的潘季馴詳細研究這個道理，竟豁然而貫通之，見諸實行。他說『分流誠能殺勢，然可行於清水之河，非所行於黄河也』，這明明說，沙多不便。又云，『沙固易停亦易無，即一河之中溜處卽深，緩處卽淺，水合沙刷，必無俱墊之理，此淺彼深，亦刷防運之事』．這眞是至理明言，尤其是『水合沙刷』一句最合大自然，特別是黄河的現象．明萬曆年間，他被任爲河臣，一方面努力的工作，他方面細心的觀察．可是特才易招妬，當時竟有許多人，大倡開新分舊，以殺水勢之議論，復故察造謠，思有以中傷之，在併勘河情疏內，大可看出他一肚皮的氣悶．『臣自嘉靖四十四年至今，以河事君父者，凡四任矣；壯于斯，老于斯，朝于斯，暮于斯，或採之輿情，或得之目擊，或稽之既往，或驗之將來；水有性，拂之不可，河有防，弛之不可，地有定形，强之不可，治有正理，鑿之不可．厭常者每欲棄舊以更新，而臣則以爲祖宗二百餘年之故道必不可失也，泥是說者，每欲支分以殺勢，而臣則以爲黃河水濁，必不可分也，臣執此以治河者，前後一十二年矣，而不意去秋，霪霖連日，河水滔天．物議遂騰，牢不可破……人見其水盈隄，輒謂隄可棄也。而甯知防潰則水泛，外洩即中乾，不數日而水落岸出，河安如故．悶堤所以存河乎？行者正見其漲，而不見其消，談者不聞其消，惟聞其漲，一人言之，百人從而和之．若謂水之有漲無消，而冬春之河，猶伏秋之河也，而不知其大有不倖者耳・倘覩其漲，復覩其消，則全河之形勢皆在目中，自無臆度之說矣，臣已去矣，墓木拱矣，何敢以口舌與人爭曲直哉』・他雖一邊憤衆口之雌黃，一邊還是貢其心得於君上，反覆說明束水攻沙之有效，堤防之不可棄，「河何擇於新舊，新卽淤舊則不淤，非臣之所能解也」・又謂：『逆水之性，以鄰爲壑，是謂之障，若順水之性，以堤防溢，則謂之防，河水盛漲之時，無堤則必溢，旁溢則泛濫而不循正軌，豈能以海爲壑乎？故隄之者，欲其不溢而循軌，以入於海，正所以導之也」・這位河工家，就照他的理論實行起來，因高堰以遏淮，築成了堤防系統，用規水流，復築閘以瀉漲，疏尾閭以使之通暢，竟得了相當的成功！

宗潘氏之論，師潘氏之策，以治黃河者，是爲淸之靳復・彼積經驗之所得，筆之于書，束水攻沙之效力更得有力之明証・靳氏河防篇：『以人治水，不若以水治水也，蓋堤成則水合，水合卽流速，流速則勢猛，勢猛卽新沙不停，舊沙盡刷，而河底愈深，于是水行堤內，而得遂其就下之性，方克安流耳』・這幾句話簡而明，以前誰都沒有說得這樣透澈！眞是河工巨擘．其觀察週到之處有如下文：『河之性約而言之曰就下；分而言之，則避逆而趨順也，避壅而趨疏也，避遠而趨近也避險阻而趨坦易也，這不是歐美等國最近出版之河工書籍，水性篇內 L eou Cou—rent par Le Chuin de moin resistance,, 水從阻力最少處流嗎？同義異詞，惟我先賢，早已發現這種原理了！各國友朋，其亦首肯我這句話否？靳老先生在其河防述言內，詳細闡明利水刷沙之理，『夫河之所以決者，皆由黃水暴漲，下流壅滯，不得遂就下之性，故旁流溢出，致開決口，決口既開，旁流分勢，則正流愈緩，正流緩則沙因以停，沙停淤淺，則就下之性，愈不得遂，而旁決之勢益橫矣』；其沙積不刷，貽禍如此，言之寒心！又論因事順導之法曰：『……於是知築堤而水自可刷沙，乃以築爲疏，又當知導流而埽方可塞決，乃以疏爲築，而築又原于疏也』．重復伸明利用流勢，築堤束水以刷泥沙之本意．他主張用科學來治河，不贊成蠻幹，『故導河者鑿河之形，人力所成十之二，引河之勢，水力所滌十之八．

若以河患委託天意，此任天而不任人者，因失聖人範圍補救之道；以河工全憑人力，此任人而不任理者，尤爲小智穿鑿意見之私也』，這段話深中過去治河官吏之弊，腐化者，每以河患委諸天意，勇而無謀者，總以百事在人爲，殊不知二者俱失也，其下一段曰：『……至于河身廣狹深淺之宜，又必計水之大小，流之緩急，量其水方，度其消納以定之』。量水方不就是測流量嗎？舶來品之工程學，自然有量流量之一法，那知曩時潘先生，並非讀過外國書，竟能自設方法，施測流量，眞是俗說有點『名堂』的人，其所主張之『束水攻沙』法，自然是經過相當之研究。才與之施行。

（六十）恩格斯氏之窄堤與潘季馴氏之縷堤

最近德國恩格斯教授，發表試驗室之試驗結果，亦主張採用此法建築窄堤以束水。夫窄隄者縷隄也，潘氏早已用之有成效，其隄防篇曰：『近世隄防之名不一，其去河頗遠，築之以備大漲者，曰遙堤，逼河之游，以束河流者曰縷堤，地當頂衝，慮縷堤有失而復作一堤于內，以防未然者，曰夾堤，夾堤有不綿亙，規而防于縷堤之內，形若月之半者，曰月堤，若夾堤與縷堤相比而長，恐縷堤被衝，則流遂長驅于兩堤間而不可遏，又築一小堤，橫阻于中者曰格堤，又曰橫堤……遙堤去河頗寬，若異漲之時，溢至遙堤，河寬而勢自殺，是雖全流而分亦寓焉矣』。是把黃河之堤防系統，用邏輯原理分析得明明白白，恩老先生作二十世紀之哥倫布，爲發現美洲之壯圖，其研究學術之志雖可嘉，但未免不諳黃河歷史與河性，虛耗中國金錢，實在可惜，束水攻沙之可行，已昭若日星，又何待于恩氏下書功，來証明哉。

（六十一）各國治河新法述略

今當撈諸世界，以科學文明自命之異邦中，其通行之治河方法，能否施諸黃河。堤岸鞏固，輪船無阻，此歐美河道之新現象也，彼等所持方策，注意因地施宜『Local Condition』，河性既異方法亦變。施降同（M. Girandon）先生謂多沙石之河道宜用（一）留灘治河法，不須求橫剖面之一律化，只要泥沙沈澱有一定之方向與位置，卽險灘化夷，岸線鞏固，航行通暢，這位大水利家，就應用這種原理以治中歐河道，大著成效。德人卽多採用（二）等斜度準剖面法；以斜度變化不很大之河身爲一段，並分全河爲若干段，使各段有相等之斜度，而着眼於起伏不齊之銜接段，逐漸浚治之，使規則化。依照流量之大小，航行之深淺，規定一河身橫剖面，處處橫剖面俱成相似形，使之大小有序，形式有律。人說德國民族的頭腦，是方方正正的，讀其治河書籍，每令人笑憶斯語。至於（三）遇紛歧卽閉岔流，（四）越岩石而開引河，（五）太屈曲卽裁灣取直，（六）河寬水淺即束流攻沙，又合我國之舊法了！

丙　黄河治法之商榷

（六十二）橫壩固槽法之我見

甲說甲有理，乙說乙的對，衆口紛歧人將安擇？吾非不尊禹功崇禹法，第河道情形，古今大不相同，昔時東部地勢低下，海潮遠至，故九河尾閭同爲逆河，今卽沙土冲積層漸厚，地勢漸高，九河埋掩無餘，人們所焦慮者，已不在海濤之汹湧，而在泥沙之堆積。且禹王導河，規模甚大，疏浚幹流約八千餘里，各省支流如晉之汾，陜之渭洛，豫之瀍澗，魯之汶泗，蘇之淮沂等一起治導，試問現在國民經濟能否舉行如此重大之工程？故曰以今日之河勢，今日之財力，遵古之法，雖神禹復生，不能爲力也。

賈讓之不與水爭地方策，或可行于漢代，然不合于今日人烟稠密之時代也，夫使地球上無人類，卽亦不必治河，而河亦無所謂治不治也。鄭州以東水大泥多，分水入渠卽渠淤，入湖卽湖淤，入河卽河淤，必至掏挖無息，養渠乏方，流弊終生，水循渠溢，災害又出矣。

研究河床之變化時，作者曾發現水淺一尺，底高五寸，水增二尺，底低十寸之特性；卽束水而水急沙去矣，去沙卽去淤也，淤去河底卽降低，水行地下，不潰不決而河乃治·其理前人巳備言之，不必再贅·現今所須說明者，卽刷低河底之方法何在，其法惟二，卽築橫壩與建縷堤（窄堤）是也，但縷堤不如橫壩好，爲什麼呢？縷堤是大堤內沿水邊築成之一條長堤，工程浩大，費錢甚多，；橫壩是攔河橫築，中間留出一條水路的束水工程，其總長比縷堤來得短，自然工輕易舉，比較適合於工程經濟原理，至於工程之效力，橫壩比縷堤更大得多，尤憶少時，鄰居夜半遇賊，家人覺而喊警，賊奔，其子從睡夢中跳起，慌慌促促，隨手拿到一晒衣長竹竿追去，竿腰已有裂縫，大家方在發急他用枝脆傢伙的糊塗！而賊人巳被打倒，餘人趕上捆住，你知他怎麼打的呢？原來他不高擎橫擊，僅用竿頭擲賊後腰，二手一伸，竹竿微拗，竊賊前倒，他眞懂得物質抵抗力 Resistance des Materiaux 之原理！如果用竿腰橫打，一定嘩啦二段！或竟被凶敵搶去半節，而受幾下回敬捧，也未可知。橫壩與縷堤抗水冲刷之效用，就是一個竿頭和一條竹腰的不同。水來時，半沙半土之橫壩如抵抗不住，就像藥店剪甘草一樣，一段段坍下去，一時還倒不了多少。縷堤就壞了！像捲地毯般，全條長長的捲入水中，馬上倒得不可收集，你看這工程的效力，相差多少！黃河下游是沒有石塊的，壩頭還容易用磚裹砌保護，試問縷堤外坡用什麼方法保護？能不能燒這許多磚？第五章內述實測結果，黃河下游，泥土疏鬆，水大即淤去河槽刷深，中水槽之邊，已深至五六丈，河底疏鬆如此，還說用縷堤來固定中水河槽，請問縷堤之基礎工程用什麼材料？如何築法？大家都曉得大堤是沒有基礎工程的，但離水遠，又築在多年之堅實老淤土上，還馬馬虎虎，縷堤是否也能築在隨刷隨淤，一年內反覆幾次的虛沙土上呢？當然不能，故惟有築壩，才能解決這種種難題，只要壩端有了基礎就可以，壩之根既連于大隄，則其建築條件已與大隄相等矣。但是橫壩不能懸伸到中水槽，更不能到常水槽，只能及平常大水河槽為止，何則？沙厚土鬆，磚頭瓦塊，如日日臨水裹沙，則沈失太多歲修不經濟也。

壩之系統既築成，壩頭則為防汛之控制點，守禦較易！壩與壩間，大水縈廻，水退泥淤，愈積愈厚，終成極大之 Banguette，而大隄乃愈固矣。

再於鄭州之上，設控制減水壩若干個，以備非常大水時，得瀉一部份之水量於窪地，使大小二流量之比例達到一比一百以內，卽減洪勢，又利放淤，一舉二得。

鄭州以下，河水最淺時，亦深逾五尺，其航運不發達之主因，是碍於河槽遷徙無常，不能築一固定之碼頭，橫壩系統築成後，商業家卽可擇優加固，利之以作碼頭，即航運自興。

# 黃河之河性

著作者　吳明愿
印刷所　河南民報社
發售處　南京中央大學
及各大書局
價目　每册實價一元
函購郵費二角



中華民國二十五年二月初版

# 後　記

我是從數學史學習中逐步瞭解治黄史的。漢代《許商算術》的作者許商，好天文術數之事的王景、李尋善，他們既是數學家，又以治理黄河而聞名。我國現存最早的河工著作《河防通議》，將中國古典數學天元術運用到治黄工程中，創造了中國古代工程數學的一個高峰。除了數學史之外，内蒙古師範大學科學技術史研究還以少數民族科技史和地方科技史見長。李迪先生曾指出地方科技史研究的重要内容是人與自然環境變遷、科技遺迹與自然環境以及環境與生産的關係，此類研究具有明顯的現實意義和重要價值。想要通過大科學史研究，弄清變遷的原因和未來的發展趨勢，産出對于地方各方面的開發有更大、更直接價值的成果，這類研究大多離不開文獻。之後，李迪先生更是直接指出科技史研究不僅是對過去的科技工作和科技成果的回顧與總結，而且要着眼于現代，讓古人的發明創造爲今人服務，繼續在現代發揮其應有的作用。我將先生大科學史的治學理念視爲座右銘，在科研工作中更加注重讓科研成果服務于國家戰略與區域發展需求。

二〇一九年九月，習近平總書記在黄河流域生態保護和高質量發展座談會上指出，黄河流域在我國經濟社會發展和生態安全方面具有十分重要的地位。黄河流域生態保護和高質量發展是重大國家戰略。同年十月，黨的十九届四中全會提出『加强邊疆治理，推進興邊富民』，首次把邊疆治理寫入黨的文件。內蒙古師範大學組織科研力量，積極申報研究闡釋黨的十九届四中全會精神的國家社科基金重大項目，其中『中國特色社會主義民族區域自治制度自信研究』項目獲批。我承擔其中的『鑄牢中華民族共同體意識下的民族自治地方文化自信研究』子課題，而黄河是首選文化要素。二〇二四年，該項目順利結項，我也對黄河文化所藴含的時代價值有了更深的體會。

有鑒于此，我帶領文化遺産智能應用服務中華民族共同體建設『英才興蒙』團隊，以黄河爲主題，開展了文獻、文物、傳統工藝等多模態資源庫建設和跨模態應用示範工作。這次與内蒙古人民出版社合作出版的《黄河國家治理文獻集成》，旨在梳理和總結文獻中所藴含的歷史經驗和文化信息，爲當代及未來的黄河治理和地方文旅産業發展提供參考與借鑒。

感謝內蒙古民族文化産業研究院、巴彦淖爾市圖書館等单位的傾力相助，感謝內蒙古自治區黨委宣傳部、內蒙古出版集團、內蒙古人民出版社對本項目的支持與幫助。

在此，也向致力于黄河治理和大河安瀾的歷代先賢與當代典範表達崇高的敬意：你們的不懈努力與無私奉獻，爲黄河的安寧與人民的福祉築起了堅實的防綫；你們的智慧與勇氣，將永遠銘刻在中華民族的歷史豐碑上，激勵後人不斷前行。

董杰

二〇二五年一月